I0035441

ROBERT 1970

INVENTAIRE
25.266

# ÉTUDES

SUR

# LA GÉOLOGIE

LA

# PALÉONTOLOGIE

## ET L'ANCIENNETÉ DE L'HOMME

Dans le Département de Lot-et-Garonne,

PAR

**JACQUES-LUDOMIR COMBES,**

PHARMACIEN, CHEVALIER DE L'ORDRE ROYAL DE CHARLES III D'ESPAGNE, TITULAIRE DE LA SOCIÉTÉ GÉOLOGIQUE DE FRANCE, MEMBRE CORRESPONDANT DE LA SOCIÉTÉ FRANÇAISE D'ARCHÉOLOGIE, DE LA SOCIÉTÉ DE PHARMACIE DE PARIS, DE LA SOCIÉTÉ LINNÉENNE DE BORDEAUX, DE LA SOCIÉTÉ D'AGRICULTURE, SCIENCES ET ARTS D'AGEN.

---

VILLENEUVE-SUR-LOT,

IMPRIMERIE DE X. DUTEIS, RUE GALAUP.

M.DCCC.LXX.

# ÉTUDES

SUR

# LA GÉOLOGIE

LA

# PALÉONTOLOGIE

# ET L'ANCIENNETÉ DE L'HOMME

Dans le Département de Lot-et-Garonne,

PAR

**JACQUES-LUDOMIR COMBES,**

Pharmacien, Chevalier de l'Ordre Royal de Charles III d'Espagne,
Titulaire de la Société Géologique de France, Membre
Correspondant de la Société Française d'Archéologie,
de la Société de Pharmacie de Paris, de la Société
Linnéenne de Bordeaux, de la Société d'Agri-
culture, Sciences et Arts d'Agen.

---

VILLENEUVE-SUR-LOT,

IMPRIMERIE DE X. DUTEIS, RUE GALAUP.

M.DCCC.LXX.

# PRÉFACE.

Trois époques, antérieures à la période historique et formant comme trois mondes successifs et progressifs, s'offrent aux recherches du naturaliste qui a pris pour champ d'observation les terrains dont se compose le département de Lot-et-Garonne.

Ces époques ont reçu les noms de *secondaire*, *tertiaire* et *quaternaire*.

Leur existence respective est sûrement démontrée par les immenses dépôts marins ou lacustres qui forment les reliefs et les surfaces du sol actuel.

Je me propose d'en donner un tableau sommaire, mais complet, en les étudiant naturellement dans l'ordre de leur succession chronologique. Il me semble toutefois utile de commencer, pour chacune d'elles, par un coup d'œil général sur les êtres dont les dépouilles, providentiellement conservées jusqu'à nos jours, servent à la caractériser, et sur le milieu où ces êtres ont vécu; après quoi, pour chacune encore, viendra l'étude spéciale de sa faune et de ses terrains.

Un double but a inspiré ce travail : rendre de plus en plus accessible aux géologues un coin de terre où chaque étape est marquée par d'intéressantes découvertes, inspirer et entretenir le goût de l'histoire naturelle dans la patrie de Bernard Palissy, de Lacépède, de Bory-de-Saint-Vincent, de Saint-Amans et de Chaubard.

Un double but, ai-je dit? C'est une erreur. Je n'ai qu'un but : servir la science, courageusement et humblement.

Fumel, 1er Juillet 1869.

# ÉPOQUE SECONDAIRE.

## PREMIÈRE ÉPOQUE ANTÉ-HISTORIQUE DE L'AGENAIS.

# ÉPOQUE SECONDAIRE.

A ce premier âge des temps anté-historiques de notre région, les animaux d'ordre supérieur ne vivaient pas encore. L'homme, le plus parfait et le dernier en date, ne devait lui-même se montrer qu'après une infinité de siècles.

La température était très élevée. Le soleil, plus lumineux et plus chaud que de nos jours, entretenait, dans une atmosphère saturée de vapeurs aqueuses, une végétation merveilleusement active. C'étaient surtout des *conifères* et des *cicadées*, puis des *équisétacées* et des *fougères*.

De vastes mers s'étendaient à la surface des terres, servant d'asile à d'énormes sauriens, sorte de poissons-reptiles qui occupaient le premier rang parmi les êtres vivants d'alors. J'ai trouvé et je possède de nombreux débris de quelques-uns d'entr'eux, notamment de l'*Ichthyosaure*, du *Mégalosaure*, du *Plésiosaure ;* ces débris permettent d'assigner aux animaux dont ils proviennent, une longueur de quinze à vingt mètres.

Il y avait encore le *Lépidotus*, le *Saurocephalus*, le *Girodus*, le *Spherodus*, le *Lemna*, l'*Asterocanthus*, le *Pterodactyle*, sorte de lézard volant.

Ainsi déjà existaient les vertébrés, mais non encore les mammifères et les oiseaux proprement dits.

Cette époque fut aussi le règne des *Ammonites*, des *Térébratules*, des *Gryphées*, des *Rudistes*, de nombreuses espèces d'*Oursins*, de *Polypiers*, d'*Echinodermes*, de *Foraminifères* et de *Spongiaires.*

Tels sont les êtres qui nous ont précédés sur le coin du globe que nous habitons, êtres dont le Haut-Agenais a conservé les innombrables dépouilles dans les couches régulièrement superposées qui forment l'ensemble de ses terrains.

C'est, au reste, le moment de faire connaître l'ensemble de ces terrains, tels que nous les montrent les collines et les plaines de notre région. Ils ont été formés par des dépôts calcaires ou marneux appartenant, comme les êtres vivants dont j'ai dit un mot au début de ce travail, aux trois époques anté-historiques déjà indiquées. On aura une idée exacte de leur ordre de succession par le tableau suivant qui, bien que placé dans le chapitre consacré à l'époque secondaire, doit aussi servir de guide pour l'étude des époques tertiaire et quaternaire :

---

## COUPE GÉNÉRALE DES TERRAINS

### DU DÉPARTEMENT DE LOT-ET-GARONNE.

| | |
|---|---|
| ÉPOQUE QUATERNAIRE (ou terrains quaternaires) — 3e âge de vie de l'Agenais. | Terrain actuel. Alluvions.<br>*Diluvium* Cavernes et brèches ossifères. Silex taillés. |
| ÉPOQUE TERTIAIRE (ou terrains tertiaires) — 2e âge de vie de l'Agenais. | *Pliocène* (rare).<br>*Miocène* (assez fréquent et assez puissant).<br>*Eocène* (très-fréquent et très-puissant). |

| | | |
|---|---|---|
| ÉPOQUE SECONDAIRE (ou terrains secondaires) — 1er âge de vie de l'Agenais. | *Crétacés* supérieurs | Etage *sénonien* (rare). — *turonien* (assez puissant). — *cénomanien* (très-puissant). |
| | *Jurassiques* supérieurs | Etage *kimméridgien* (très-puissant). |

Deux grands ordres ou systèmes de dépôts comprennent les portions les plus basses et aussi les plus élevées du département de Lot-et-Garonne et en expliquent la formation*. Ce sont :

1°. Le système des dépôts à coquilles d'eau douce ;

2°. Le système des dépôts à coquilles marines.

Au premier de ces deux systèmes appartient la presque totalité du département. Il n'y a d'exception que pour une petite fraction située au nord-est, pour quelques points disséminés au hasard et pour la région landaise où les sables quartzeux et à coquilles marines ont dû être jetés par une irruption de l'océan sur nos terrains d'eau douce et jusques dans les vallons qui découpent la vallée de la Garonne.

* Les parties les plus basses sont les lits du Lot et de la Garonne. Les plus grandes hauteurs ne dépassent pas 210 mètres d'altitude.

Après que les mers eurent déposé le terrain *Triasique* ( qui est le dernier de l'époque primitive et qui confine au *Jurassique* , le premier de l'époque secondaire et le plus ancien de l'Agenais), il y eut de nombreux soulèvements. Des terres depuis longtemps formées s'abîmèrent dans les flots de l'océan , et de nouvelles émergèrent. D'autres naquirent de sédiments peu à peu superposés. Telle fut l'origine des formations *Jurassiques* qui s'étendirent fort loin en Europe et dont les limites , partout très-distinctes , marquent celles des mers du sein desquelles elles se précipitèrent.

Au-dessus des formations jurassiques, de nouvelles mers déposèrent les formations *Crétacées*, non moins étendues et aussi exactement limitées à leur base et sur leurs bords.

Je consigne ici un fait de la plus haute importance. Le terrain crétacé pousse une pointe au nord-est de l'Agenais, par le Périgord et le Quercy. Il fait là sa jonction avec le jurassique. Si l'on veut fixer leurs limites respectives , on les trouve à peu près représentées par une ligne qui passerait sur Biron, La Capelle , Gavaudun , Monsempron , Fumel, Saint-Vite , Péricard , Pec-de-l'Estèle, Tournon, etc ; il en résulte que tous les calcaires situés à l'ouest de cette ligne jusqu'à Agen et, par-delà, près des Landes, ne renferment que des coquilles d'eau douce, tandis que ceux qui se trouvent à l'est, le département du Lot presque tout entier compris, sont caractérisés par des coquilles marines.

Mais ces terrains sont-ils contemporains des cours d'eaux qui les traversent? Plusieurs raisons, dont voici les principales, me portent à admettre l'opinion contraire :

1°. Les couches tertiaires d'eau douce des hauteurs du Pec-de-l'Estelle et de Tournon s'étendent dans une parfaite horizontalité sur des couches marines : d'où la conclusion naturelle et nécessaire qu'elles leur sont postérieures ;

2°. Les lits de la Garonne, du Lot et des ruisseaux qui y aboutissent ont été faits par érosion dans les couches jurassiques, crétacées et tertiaires. Ces terrains préexistaient donc aux cours d'eau qui devaient les diviser;

3°. Ce que j'ai dit plus haut des sables des Landes et des coquilles marines qu'ils renferment, établit jusqu'à l'évidence l'antériorité des deux grandes vallées et des vallons latéraux, à la surface desquels ils se sont déposés.

# TERRAINS JURASSIQUES.

---

## ÉTAGE KIMMÉRIDGIEN ( D'ORB. ).

Le département de Lot-et-Garonne ne renferme qu'un seul des nombreux étages qui constituent le groupe jurassique : c'est le *Kimméridgien* de d'Orbigny, portion de l'étage supérieur du système oolitique de MM. Dufrénoy et Elie de Beaumont. L'étage *Portlandien*, le dernier et le plus élevé du même groupe, manque, et avec lui les trois étages du terrain crétacé, formant la série dite inférieure, qui, dans l'ordre complet et régulier des faits, devraient lui être immédiatement superposés *. Il résulte de ces lacunes que l'étage *Cénomanien*, le premier du crétacé supérieur, se juxtapose immédiatement à l'étage kimméridgien, qui est l'avant-dernier du groupe jurassique dans sa série supérieure.

---

* Les étages qui manquent sont le *Néocomien*, l'*Aptien*, et l'*Albien* de d'Orbigny.

Une coupe de ces terrains aidera à l'intelligence d'une démonstration que je voudrais rendre simple et claire pour tous.

Si, des bords du Lot, à Fumel, on s'élève jusqu'au sommet des plus hautes collines qui dominent la ville dans la direction du Lot, on rencontre une série de couches indiquées dans le tableau suivant qui les représente de haut en bas :

## COUPE AU NORD DE FUMEL.

| | | |
|---|---|---|
| TERRAINS SECONDAIRES | Terrains *crétacés* supérieurs. | Etage *sénonien* (rare). |
| | | — *turonien* (assez puissant). |
| | | — *cénomanien* (très-puissant). |
| | Terrains *jurassiques* supérieurs. | Etage *kimméridgien* (très-puissant). |

Ces quatre étages sont très-distincts et l'on peut aisément les étudier sur plusieurs points de la colline.

Mais revenons à l'étage kimméridgien, le plus ancien de tous, et observons-le particulièrement aux environs de Fumel.

Il commence à se montrer au-dessous du niveau du Lot, s'élève aux deux tiers en moyenne de la hauteur des coteaux, puis, s'infléchissant de nouveau suivant un angle de seize degrés, dans la direction de la rivière, finit par y disparaître à trente mètres environ de la chaussée. Cette singulière évolution de ses couches s'aperçoit d'ailleurs on ne peut mieux des deux rives opposées du Lot.

Avec l'étage kimméridgien finit tout ce que la région possédait de calcaire jurassique.

La parfaite régularité de ses strates parallèles et le petit nombre de fossiles qu'on y trouve, accusent la profondeur de la mer au sein de laquelle se sont déposées ses couches remarquables par leur étendue et par leur puissance. On juge, au reste, que cette mer devait être agitée, en constatant que, dans certaines portions, les strates, bien que parallèles, sont ondulées et même arquées.

Leur épaisseur, moindre dans le bas que dans le haut, varie entre vingt et cinquante centimètres. La couleur va du jaune au gris verdâtre ou bleuâtre. Elle passe au roux d'autant plus qu'on approche davantage de l'ouest.

La direction générale des collines jurassiques aux abords de Fumel, est de l'ouest à l'est. Le calcaire qui les constitue possède une grande dureté. Il est ordinairement argilifère. Des veines spathiques s'y montrent parfois et l'oxyde de manganèse y dessine assez souvent de fines arborisations.

Les assises dont la teinte est gris-verdâtre, sont particulièrement abondantes. On en tire un ciment-romain d'excellente qualité. L'exploitation s'en fait sur une assez grande échelle *, c'est l'unique emploi de ce calcaire, qui est humide et gélif. On pourrait, à la rigueur, s'en servir sous forme de moellons, mais avec addition d'un prompt et solide crépissage; sous l'influence de la gelée, il se délite, si dur qu'il soit, et sa dégradation est rapide.

J'ai retiré de ce terrain jurassique une infinité de fossiles que je conserve dans ma collection et dont on me permettra de citer les plus caractérisques.

1°. Sauriens et poissons:

* Les usines à ciment sont belles et nombreuses. Citons en première ligne celles de M. Edouard Trenty, à Lesquibat, et de M. Austruy, propriétaire des forges de Cuzorn. Il y en a aussi à Condat, près de Fumel, à Lamothe, près de Libos, à Sauveterre et à Picherre, près de Thouzac (Lot).

*Ichthyosaure :* — Plusieurs dents et un maxillaire inférieur, côté droit, mesurant 66 centimètres de longueur *; — *Mégalosaure :* Plusieurs dents, très-belles**; — *Lepidotus* et *Girodus :* Mâchoires entières et parties de mâchoires armées de toutes leurs dents ; — *Saurocephalus, Spherodus gigas, Lemna parodoxa :* dents ; — *Asterocanthus,* deux variétés : plaques ou écailles des vertèbres, divers gros ossements, dents (non encore suffisamment étudiées).

2°. Coquilles :

*Ammonites longispina; Ammonites decipiens; Ammonites Lallieranus,* etc., etc. : *Pterocera Ponti* et autres ; *Chemnitzia gigantea ; Mactra; Pinna granulata :* deux espèces, de proportions différentes ; *Pinnigena; Ceromya excentrica; Céromya obovata; Arca; Trigonia ; Pholadomya; Mya rugosa; Panopœa; Natica; Nucula; Tellina; Pecten; Terebratula sella ; Terebratula subsella; Exogyra* ou *Ostrea Virgula; Thracia suprajurensis; Fucoïdes,* etc., etc.

---

* La tête avait environ un mètre de longueur et le corps de quatre à cinq.

** D'après la dimension de quelques dents, on assignerait à cet animal une longueur de quinze à vingt mètres.

3°. Végétaux indéterminés, sous forme de *lignite*.

En terminant ce rapide exposé de l'étage kimméridgien, je crois devoir faire remarquer que les coquilles qui le caractérisent le plus sûrement, c'est-à-dire la *Terebratula subsella* et l'*Exogyra*, s'y rencontrent en grande abondance.

Le soulèvement de la Côte-d'Or mit fin à la période jurassique.

## TERRAINS CRÉTACÉS.

Le département de Lot-et-Garonne, ainsi qu'on l'a vu au tableau inséré aux pages 9 et 10, ne possède que trois étages du groupe *Crétacé*, à savoir le *Cénomanien*, le *Turonien* et le *Sénonien*. Ils appartiennent à la division des terrains dits *Crétacés supérieurs*. Les trois étages inférieurs, le *Néocomien*, l'*Aptien* et l'*Albien*, venus avant eux dans l'ordre des temps, devraient naturellement les suivre dans l'ordre de la superposition. Or, ils manquent d'une manière absolue et l'on voit l'étage *Cénomanien*, dépendant, je le répète, des crétacés supérieurs, se superposer exactement à l'étage *kimméridgien*, dernier né du groupe *jurassique*.

La formation jurassique se termine, ai-je dit, dans l'Agenais, à trente mètres environ, au Sud, de la chaussée de Fumel. Les calcaires crétacés sont autrement étendus. Des départements du Lot et de la Dordogne où ils forment des couches considérables, ils passent dans notre département aux environs de Fumel, disparaissent, en s'infléchissant avec le calcaire jurassique qu'ils surmontent et, dépassant celui-ci, se révèlent même au-delà de Saint-Vite. J'ai recueilli, en effet, à Lapoujade l'*Hippurites organisans*, fossile caractéristique de l'étage Turonien.

On les retrouve partout dans le canton de Fumel (la commune de Condesaygues excepté), au nord-est du canton de Monflanquin et à l'est de celui de Tournon, où ils forment souvent la base de coteaux couronnés par des dépôts *lacustres tertiaires*.

Je vais successivement décrire chacun de ces trois étages en me servant des subdivisions établies par un géologue habile, qui m'honore de son amitié, M. Arnaud, de Libourne.

# I.

## ÉTAGE CÉNOMANIEN (D'ORB.)

### PARTIE INFÉRIEURE DES TERRAINS CRÉTACÉS SUPÉRIEURS.

Cet étage qui, dans le département de Lot-et-Garonne, s'est immédiatement superposé à l'étage kimméridgien, se reconnaît facilement à la nature de son calcaire, à ses alternances de grés, d'argile et de lignites, enfin aux fossiles qu'il renferme. Il est le même et de même alternance aux environs de Fumel, qu'à l'île d'Aix, à Fouras et à Marennes.

On trouve sur les bords du Lot, auprès du château de Cézerac, des huîtres évidemment marines et de l'époque cénomanienne, dans des couches assez riches en lignite et qui contiennent des débris d'arbres fossiles.

J'en ai retiré, avec M. Issartier, de très-beaux échantillons. Comme ceux de la forêt sous-marine de l'île d'Aix, décrite, il y a déjà longtemps, par Fleuriau de Bellevue, ils ont été percés par de nombreux Tarets et Pholades. Il est à présumer que ces arbres, après avoir flotté sur les eaux, ont été déposés au plus haut niveau des marées, sur une côte maritime, avec des débris terrestres et marins côtiers.

Un grand nombre de carrières ont été ouvertes dans les profondeurs de cet étage. Elles sont justement renommées. Les bancs, très-puissants, permettent d'extraire des blocs de la dimension et de la forme qu'on veut. Sur certains points le calcaire est assez dur pour résister à l'action de l'eau. On s'en est servi dans la construction du pont de Bordeaux et pour des travaux de réparation aux écluses établies sur le Lot. — Ce calcaire est marin, grossier, d'une teinte qui varie entre le gris blanc et le roux.

*(Voir le tableau à la page suivante.)*

## COUPE DE L'ÉTAGE CÉNOMANIEN

### AUX ENVIRONS DE FUMEL.

ÉTAGE CÉNOMANIEN.

4° Calcaire marneux *(castine)* fragmenté, empâté d'argile diversement colorée. Nodules à cassures lithographiques de 20 mètres d'épaisseur. Fossiles : *Periaster oblongus*, *Ammonites Mantelli*, etc., etc.

3° Calcaire blanc fragmenté, à Ammonites, ayant 2 mètres d'épaisseur. (C'est dans ce calcaire que je trouvai, en compagnie du regrettable A. d'Orbigny, une ammonite que ce savant voulut bien appeler de mon nom : *Combesana*).

2° Calcaire jaune verdâtre grenu, de 2 m. 40 c. d'épaisseur. On y trouve, entr'autres fossiles, l'*Ostrea Colomba*.

1° Calcaire noduleux, jaune-rougeâtre, de 40 centimètres d'épaisseur. *Ostrea Colomba*, *Terebratula biplicata*, etc.

Certaines variétés de ce calcaire contiennent des pyrites ferrugineuses qui détériorent les outils, et que les carriers du pays désignent sous le nom vulgaire d'*œillols*. Il y a aussi de petites cavités remplies d'argile colorée par du fer à différents degrés d'oxydation.

# II.

## ÉTAGE TURONIEN (D'ORB.)

### PARTIE MOYENNE DES TERRAINS CRÉTACÉS SUPÉRIEURS

Cet étage qu'on trouve fréquemment superposé au cénomanien et qui couronne le sommet de quelques coteaux, se présente généralement sous la forme d'un calcaire à grains fins, à cassure saccharoïde. Il est d'une extrême dureté.

Il va se perdre dans le Lot près du gravier de Lapoujade et, avec lui, je l'ai dit plus haut, tout ce que nous avons en fait de terrain crétacé.

Plusieurs carrières sont établies dans ses bancs. Elles fournissent un calcaire marin, grossier, coquilleux, roussâtre, peu facile à travailler et usant fortement les outils. C'est une pierre sèche et propre, au dire des carriers, ce qui signifie qu'elle n'est pas salie par l'argile *. Peu employée comme pierre

* On trouve, mais exceptionnellement, dans l'intérieur de la pâte, des vacuoles remplies d'une argile très-pure, extrêmement douce au toucher et colorée en rouge intense par le per-oxyde de fer.

de taille, à cause des fissures déliées qu'elle offre assez souvent et qui la font éclater, elle donne un excellent moellon. On en fait aussi des rouleaux très recherchés, et de la dimension qu'on désire.

## COUPE DE L'ÉTAGE TURONIEN (D'ORB.)

### AUX ENVIRONS DE FUMEL ET DE DURAVEL.

ÉTAGE TURONIEN.

5° Calcaire tantôt pur, tantôt arénacé avec *Rudistes*, *Polypiers* et *Ostréacées*. Epaisseur de 15 à 20 mètres.

4° Grès avec *Hippurites organisans*, *Radiolites cornupastoris*, etc. 2 mètres environ d'épaisseur.

3° Grès ou calcaire arénacé en plaquettes, en dalles ou en nodules marneux. Même faune que la précédente. 6 mètres d'épaisseur.

2° Calcaire noduleux empâté de marne plus ou moins grise, avec *Periaster oblongus*, etc. 3 mètres d'épaisseur. (Se retrouve à Saint-Vite et à Lamothe, sur les bords du Lot.

1° Calcaire dur, quoique gélif, avec *Periaster oblongus*, *Chama Archiaci*, *Spherulites Boreani*. Faune riche en *Gasteropodes*. 2 m. 50 c. d'épaisseur.

# III.

## ÉTAGE SÉNONIEN (D'ORB.)

### PARTIE SUPÉRIEURE DES TERRAINS CRÉTACÉS SUPÉRIEURS.

Ce troisième et dernier étage supérieur des terrains crétacés dans le département de Lot-et-Garonne couronne et finit le précédent. Il ne se trouve guère qu'au sommet du Pech-del-Trel et de quelques autres, en petit nombre, du canton de Fumel. Il est très-abondant en fossiles, ainsi qu'on peut en juger par l'examen de la coupe ci-jointe :

### COUPE DE L'ÉTAGE SÉNONIEN

#### AU PECH-DEL-TREL, PRÈS DE FUMEL.

ÉTAGE SÉNONIEN.

3° Calcaire schistoïde glauconieux avec *Thynchonella vespertilio*, *Térébratula Arnaudi*, etc. 3 mètres d'épaisseur.

2° Calcaire noduleux, pouddinguiforme, à nodules cristallins, avec *Cardium*, etc. 3 ou 4 mètres d'épaisseur.

1° Marne rougeâtre ou verdâtre, avec *Ostræa Matheroniana*, *Ostræa Vulselloïdes*; dents d'*Otodus*, *Sargus*, *Oxyrhina*, *Pycnodus occidentalis*, *Lamna* et autres poissons. 2 mètres d'épaisseur.

# ÉPOQUE TERTIAIRE.

## DEUXIÈME ÉPOQUE ANTÉ-HISTORIQUE DE L'AGENAIS.

# ÉPOQUE TERTIAIRE.

De grands changements se sont faits. La mer peu-à-peu s'est retirée, laissant les terres s'augmenter d'une quantité proportionnelle, en étendue et en altitude. Des îles nombreuses ont émergé et d'immenses lacs d'eau douce se sont ouverts dans les continents, que traversent et fécondent de grands fleuves. Il s'est formé de nouveaux dépôts d'origine marine ou lacustre, qui donnent au sol plus de profondeur et le rendent plus apte à entretenir la vie, si bien qu'un jour la terre s'est trouvée avoir acquis à peu près sa forme définitive.

En rapport avec une température très-élevée encore, bien que notablement adoucie, la faune se constitue en progrès sur celle de la période précédente.

Au règne des grands sauriens, a succédé, dans la région qui formera plus tard l'Agenais, celui des mammifères et des oiseaux. Sur les rivages où croissent des palmiers gigantesques, au sein d'épaisses forêts de conifères dont nous retrouvons tous les jours les troncs silicifiés, vivent ou luttent le *Rhinocéros*, le *Palæotherium*, le *Paloplothérium*, l'*Anthracothérium*, le *Caïnothérium*, etc., que suivront bientôt le *Mastodon*, le *Dinothérium*, l'*Halithérium*, mammifères appartenant surtout à l'ordre des Pachydermes et dont la plupart des genres n'ont plus de représentants.

Les Ammonites, les Rudistes, les Griphées ont cédé leur place aux *Nummulites* et à d'autres mollusques marins et d'eau douce dont un grand nombre vivent actuellement dans nos mers et dans nos lacs.

Comme nous l'avons remarqué à propos des êtres qui caractérisaient l'époque précédente, les couches déposées pendant la durée de celle-ci ont conservé, à l'état fossile et par ordre de superposition, la majeure partie des animaux qui lui avaient donné le mouvement et la vie. On en peut juger par ce tableau.

## COUPE DES TERRAINS TERTIAIRES

### DU DÉPARTEMENT DE LOT-ET-GARONNE *.

<table>
<tr><td rowspan="5">TERRAINS TERTIAIRES.</td><td colspan="2">Terrain pliocène.</td><td>Dépôt marin. Sables des Landes entièrement dépourvus de fossiles et révélant comme un dernier relai de la mer tertiaire. Quelques formations lacustres.</td></tr>
<tr><td rowspan="2">Terrain miocène.</td><td>supérieur</td><td>Puissant dépôt marin très-riche en fossiles; quelques dépôts lacustres parfois alternants. — Faluns. Mastodon, Dinotherium, Halitherium, etc., etc. Ostrea longirostris, Ostrea crassissima, etc.</td></tr>
<tr><td>inférieur</td><td rowspan="2">Grand et long dépôt d'eau douce, durant lequel vivaient contemporainement dans notre région le Rhinocéros, l'Antracotherium, le Palæoterium, dont les débris, disséminés dans toute son épaisseur, sont juxtaposés à des coquilles d'eau douce.</td></tr>
<tr><td rowspan="2">Terrain éocène.</td><td>supérieur</td></tr>
<tr><td></td><td>. . . . . . . . . . . . . . . . . . .</td></tr>
</table>

* Voir ci-contre.

# DÉPOTS TERTIAIRES D'EAU DOUCE.

## TERRAIN ÉOCÈNE.

### De la Contemporanéité de divers Mammifères Fossiles dans les Couches principalement éocènes tertiaires du département de Lot-et-Garonne.

## I.

Celui qui cherche à se rendre un compte exact des conditions géologique et stratigraphique du bas-Agenais, durant la formation de la période éocène tertiaire qui a immédiatement précédé l'apparition de l'homme sur la terre, n'a pas de peine à comprendre qu'un lac immense et profond recouvrait cette région, suivant une ligne-limite qui passait tout près de Biron, de Lacapelle, de Gavaudun, de Fumel, de Condesaygues, du Pec-de-l'Estelle, de Tournon, etc., lac ayant pour rivages dans nos environs, à l'est de cette ligne, les terrains secondaires marins, déjà déposés et consolidés, du Haut-Agenais.

Ainsi, pendant que l'espace compris entre ces dernières localités jusqu'à Agen et au-delà, se trouvait occupé par l'eau douce qui déposait les terrains actuels de cette longue chaîne, les bords stratifiés marins, depuis longtemps déposés par de puissantes mers antérieures, jouissaient d'une faune magnifique et d'une végétation superbe, grâce à la température qu'exige l'évolution du palmier.

Si, d'un autre côté, l'on veut connaître la composition des dépôts formés par ce vaste lac d'eau douce, on trouve qu'ils consistent en marnes argileuses, sableuses et calcaires, mélangées le plus souvent sans ordre et accolées comme des parties variables d'un même tout. C'est, suivant les localités, tantôt de l'argile qui varie du jaune au rouge, en raison du degré d'oxidation du fer qui la colore, tantôt de l'argile blanche extrêmement pure *, souvent des masses sableuses grises, mélangées avec l'argile ou séparées. Au reste, ces dépôts, qui ont pris fin vers le milieu de la période miocène, n'offrent de stratification un peu régulière qu'à l'extrémité de la chaîne.

Certaines parties des dépôts sableux se

* Très-douce au toucher, mais réfractaire. Cette qualité la fait rechercher pour la fabrication des briques destinées à l'entretien des fourneaux de forges.

sont durcies au point de former des tufs calcaires très-résistants, ou même d'énormes rognons de grès disséminés dans l'argile et dont la dureté égale parfois les énormes dimensions *.

Le calcaire argileux blanc s'y trouve aussi, même associé avec le silex meulière. Des gisements de sulfate de chaux **, surtout de nombreuses et très-riches minières d'hydroxide de fer ***, s'ajoutent encore au

---

* On serait tenté à première vue, mais à tort, de les prendre pour des blocs glaciaires; ils ont été utilisés quelquefois dans le culte religieux des populations primitives de notre pays.

** La formation gypseuse de Ste-Sabine, près de Villeréal, se compose d'une épaisseur de gypse variant de 5 à 30 mètres, et de rognons lenticulaires intercalés dans des lits de marne.

*** Ce minerai ne se trouve point en filons proprement dits, mais en géodes et en rognons disséminés ou réunis. Les environs de Fumel sont très-riches en minières fournissant plusieurs variétés très-estimées de minerai qu'utilisent des hauts fourneaux. La formation de ces minerais de fer appartient à la période *éocène lacustre tertiaire* et non pas *cénomanienne*, ainsi que je l'avais déjà écrit par erreur, en 1855, dans mes *Etudes sur les environs de Fumel.*

Les habitants du pays reconnaissent jusqu'à sept variétés de minerai, dont quatre de fer dur, qui sont le

mélange qui compose ce puissant dépôt dont l'âge géologique correspond à ce qu'on appelle l'*éocène supérieur*.

Aussi le couronnement de ces coteaux éocènes tertiaires est-il formé tantôt par des marnes argilo-sableuses assez peu résistantes qu'entraînent facilement les eaux pluviales, tantôt par des tufs arénacés très-résistants, enfin par des calcaires argileux blancs qui, délimitant en général les plus grandes hau-

---

Minerai mamelonné,
— fibreux,
— *caillaben* ou *caillaxen* jaune,
— *caillaben* ou *caillaxen* noir;

et trois de fer doux, qui sont le

Minerai *fésain* ou *cœur-de-bœuf* ou *foie-de-bœuf*,
— *feuilladis*,
— en géode.

Le *caillaben* jaune et le noir sont très-peu abondants. Ils ne forment guère que la cinquième partie du minerai recueilli. Les variétés qui appartiennent au fer doux sont infiniment communes. De celles-ci deux seulement, le *fésain* et le *feuilladis*, sont employées dans les forges où l'on traite par la méthode dite *catalane*.

Les quatre variétés à fer dur donnent jusqu'à cinquante pour cent de fonte et trente-cinq de fer; les trois à fer doux donnent moins : quarante-six ou quarante-sept pour cent de fonte et trente-trois ou trente-quatre de fer. Toutes, au reste, se vendent au même prix, soit de vingt à vingt-cinq centimes par 50 kil.

teurs de la chaîne, fournissent un excellent calcaire d'eau douce.

L'ordre de déposition qui apparaît le plus généralement, au moins dans nos contrées, paraît être celui-ci, en commençant par les couches les plus inférieures : 1° Argiles fortement colorées, en rouge le plus souvent, et qui reposent immédiatement sur le calcaire crétacé ; — 2° Argiles moins colorées, blanches parfois, avec des sables gris inter-

---

de minerai brut. Le même, concassé et lavé, vaudrait environ soixante-quinze centimes.

Les minières des environs sont à ciel ouvert. Le minerai, qui atteint d'assez grandes profondeurs, se recueille généralement à un mètre de la surface. L'exploitation, naturellement, s'y fait à très-peu de frais.

Il n'est guère de localité au nord, à l'est et à l'ouest de Fumel où on ne trouve le minerai en abondance. La plupart des collines en sont formées. Parmi les principales minières, on peut citer celles du Cardou, du Salat, du Mont-Cani, de Péméja, de Guinot, de Joindille, de Pigot, des environs de Cuzorn, Saint-Front, Sauveterre, Salles, Lacapelle-Biron, etc., etc. De belles routes et de nombreux cours d'eau facilitent la préparation et le transport du minerai, comme aussi de la fonte et du fer qui en proviennent.

On regrette que ce pays, si riche en minerai, soit très-pauvre en combustible. Les bois y ont à peu près disparu et nos terrains n'y sauraient fournir de houille. Quant au lignite et à la tourbe, on y en trouve si peu que l'industrie n'a rien à y voir.

médiaires. — 3° Les calcaires argileux blancs paraissent enfin, comme dépôt supérieur.

Après cet exposé rapide, mais suffisant pour faire comprendre l'ordre de formation et de composition des terrains à cette époque, entrons en plein dans notre sujet, et indiquons les principaux mammifères fossiles qui foulèrent contemporainement ces terrains.

## II.

A la suite de longues, mais très-heureuses explorations, j'ai été amené par l'évidence des faits, à admettre que les *Palæotherium*, les *Anthracotherium* et les *Rhinocéros* avaient co-existé dans nos contrées.

Je crus utile d'informer la Société géologique de France du résultat de ces recherches faites en 1863 et en 1864. Voici un extrait du *Bulletin* de cette savante compagnie (2e série, t. XXIII, p. 763, séance du 25 juin 1866), qui suivit ma première communication :

« M. Tournoüer présente à la Société, au nom de M. J.-L. Combes, de Fumel, divers débris de mammifères fossiles, dus à ses persévérantes et utiles recherches, et recueillis par lui dans les couches tertiaires du département de Lot-et-Garonne.

» Ce sont : 1° un fragment de molaire supérieure, de 45 millimètres au moins de longueur, de *Palæotherium*, probablement *P. magnum*, et une grosse canine usée, probablement aussi du même animal, provenant des calcaires argileux lacustres des *Ondes*. Cette découverte est intéressante pour la géologie locale, parce que les fossiles sont extrêmement rares dans le bassin du Lot et dans toute cette région, et parce qu'elle relie les gisements paléothériens du département de la Gironde à ceux des départements du Tarn et de l'Aude. Les calcaires des Ondes reposent d'ailleurs manifestement sur le commencement des argiles ferrifères de la Lemance, dont l'âge géologique avait donné lieu, il y a plusieurs années, à une assez vive discussion, lesquelles argiles reposent elles-mêmes sur les calcaires crétacés de Fumel.

» 2° M. Combes présente à la Société trois dents et quelques fragments de grands os longs trouvés dans la carrière de Villebramar, près Tombebœuf, sur la rive droite du Tolza, petit affluent de la Garonne, latéral au

Lot. Ces trois dents sont : une prémolaire de *Rhinocéros* de taille moyenne, une dernière molaire supérieure droite parfaitement conservée, mesurant 20 millimètres de longueur, appartenant incontestablement à un *Anthracotherium*, et un fragment de maxillaire droit avec les trois dernières molaires en place de *Paloplotherium annectens*.

» M. Tournoüer, qui a visité avec soin la carrière de Villebramar, après avoir vu chez M. Combes les pièces susdites, et qui a cherché à se rendre un compte exact de la situation géologique et stratigraphique de ce gisement, admet parfaitement la contemporanéité de ces débris. Il a constaté que la couche fossilifère, épaisse de un à deux décimètres au plus, est comprise entre les mollasses calcaires dures ou « tufs » éocènes de la contrée, dont le calcaire argileux des *Ondes* n'est qu'un facies local, et la masse des mollasses miocènes ( V. *Compte-rendu de l'Académie des Sciences; 1865*) de l'Agenais. . . . . . . . . . . . . . . . . . . .

. . . . . . . . . . . . . . . . . . . . . . . . . .

. . . . . . . . . . . . . « Ce nouvel exemple d'association du groupe Paléothérien et du groupe Anthracothérien vient à l'appui du fait cité par M. Ed. Lartet, dans une des précédentes séances (pag. 592), et relatif à la découverte, dans le calcaire à astéries de Monségur (Gironde), de restes de Paléothériens associés aux Hippopotames et aux Rhinocéros. . . . . . . . . . . . . . . . . . .

. . . . . . . . . . . . . . . . . . . . . . . . . .

« Une discussion s'engage sur la question d'association des vertébrés, soulevée par cette dernière communication, entre MM. Gervais, Hébert, Ed. Lartet et Gaudry. »

Deux jours après, le 27 juin 1866, l'illustre M. Lartet, président de la Société géologique, voulut bien m'adresser une lettre dont je crois pouvoir reproduire quelques lignes :

« . . . . . . A la dernière séance de la Société géologique, M. Tournoüer a présenté les fossiles que vous lui avez envoyés en communication et en a tiré des inductions de grande valeur, sur la distribution des vertébrés dans vos différentes assises tertiaires, et sur l'association peu connue de certaines espèces dans un même dépôt . . . . . »

Enfin, le 29 du même mois, M. Tournoüer qui s'est particulièrement occupé de cette question, au point de vue stratigraphique, et qui avait bien voulu présenter à la Société ma communication, m'écrivait entre autres choses :

« . . . . . . Ce qui a le plus intéressé la Société, ce sont les débris fossiles retirés des Ondes et de Villebramar, et l'association d'un *Anthracotherium* certain, à un *Paloplotherium* certain (*Paloplotherium annectens*) et à un *Rhinocéros* certain . . . . . . »

Heureux de la consécration que mes recherches sur ce point venaient d'obtenir, je résolus de les poursuivre aux environs de Villebramar, dans l'espoir de retrouver les grandes espèces, c'est-à-dire l'*Anthracotherium magnum* et le *Palæotherium magnum* réunis.

En conséquence, je repris mes fouilles dans les derniers mois de 1866, et je ne tardai pas à découvrir, dans la couche graveleuse déjà signalée et fouillée, des restes d'un grand *Palæotherium* associés à ceux d'un grand *Anthracotherium* et d'un *Rhinocéros* aussi de grande espèce.

Les magnifiques dents molaires, canines et incisives de ces divers animaux que j'ai retirées de cette carrière, sont un témoin irrécusable du fait.

La couche graveleuse qui recélait tous ces débris fossiles, ainsi que des os et des coprolithes, est un composé de petits graviers roulés dont la grosseur varie entre celle d'un pois et celle d'un œuf de pigeon. Son épaisseur est d'un à deux décimètres; sa longueur totale paraît être d'environ vingt mètres.

Cette couche, qui est parfaitement horizontale, repose sur un banc inférieur de tuf, sorte de calcaire arénacé gris, utilisé comme pierre de taille dans la contrée. Elle est surmontée d'un autre banc de mollasse ou de sable arénacé gris en dépôt régulier et sans mélange, d'une épaisseur moyenne de 3 à 4 mètres; enfin d'une couche quaternaire de 30 à 50 centimètres d'épaisseur qui s'épanouit à la surface extérieure et supérieure.

L'horizontalité parfaite des diverses couches et la complète absence de mélange d'aucune d'entre elles, excluent d'une manière absolue toute idée de remaniement ultérieur en cet endroit.

D'un autre côté, les forts bancs calcaires arénacés gris, inférieurs et supérieurs à la couche de gravier en question, n'ayant fourni aucune trace des fossiles qui se trouvent, *tous sans exception*, rapprochés et associés dans le banc graveleux inférieur, il me paraît hors de doute que les divers animaux que ces débris représentent, ont vécu contemporainement.

Dans le cours des deux visites que j'ai faites dans cette carrière du propriétaire Bordes, j'ai, moi-même, le marteau ou la pioche à la main, recueilli, en présence du vénérable curé de la paroisse et d'autres personnes notables, tous les débris que je viens de mentionner. Quelques dents ont été trouvées par M. le curé Bordes et par M. de Ferran, qui m'avaient déjà vu à l'œuvre ; elles appartiennent aux mêmes espèces que j'avais *moi-même* recueillies, en la compagnie de ces Messieurs, et sortent de la même couche graveleuse dont il a été question.

Une visite sur les lieux serait, au reste, pour qui aurait encore quelque doute, le plus naturel et le meilleur moyen de constater l'exactitude de mes recherches et de mes assertions.

## III.

Comme la carrière de Villebramar, la carrière lacustre des *Ondes* (bords du Lot, près le village de Ladignac) renferme, avec des coquilles d'eau douce, limnées, planorbes, etc., une association de mammifères à peu près semblable à celle dont j'ai déjà entretenu le lecteur. Les fossiles extraits par M. l'abbé Landesque et moi du milieu de cette roche très-dure, me permettent d'établir ce fait.

J'ai trouvé des débris de dents d'*Anthracotherium magnum* dans les terrains marneux des environs de Penne.

Il a été extrait des profondes tranchées tertiaires du tunnel de Laroque un côté de machoire inférieure de *Rhinocéros minutus* que je possède*.

Tout près de Tournon, sur la route qui se dirige de cette ville à Montaigut, dans les tranchées argilo-sableuses faites pour l'établissement de cette route, aux environs du cours d'eau, j'ai recueilli moi-même une magnifique tête entière d'*Anthracotherium magnum*, armée de toutes ses dents, et d'au-

* Il y aurait de ma part ingratitude à ne pas remercier publiquement M. le Directeur de la Compagnie du chemin de fer d'Orléans pour tous les moyens de circulation et d'observation qu'il a bien voulu mettre à ma disposition dans le but d'aider à mes études.

tant plus précieuse et rare, que ce pachyderme, étant encore très-jeune, possédait plusieurs dents de remplacement n'ayant pas encore servi, à côté d'autres dents, dites *de lait*, qu'il n'avait pas encore perdues.

Tout à côté de ce curieux spécimen, j'ai recueilli quelques maxillaires inférieurs dentés et bien conservés de *Caïnotherium.*

Des débris de bois monocotylédonés et dicotylédonés silicifiés, de palmier surtout, se trouvent souvent dans les terrains marneux de cette période.

## IV.

Je ne crois pas qu'il y ait témérité à conclure, des observations sus-exposées, que pendant la période *Eocène supérieure lacustre,* qui caractérise l'âge géologique et la formation des terrains tertiaires d'une grande partie du département de Lot-et-Garonne, *ont vécu contemporainement* sous l'influence de la température propre aux régions où croît le palmier, et au milieu de divers autres mammifères :

Le *Rhinocéros*, — deux variétés, l'une grande et l'autre petite ;

Le *Palæotherium*, — grande et petite variété ;

Le *Paloplotherium annectens ;*

L'*Anthracotherium magnum et minimum;* plus, une variété intermédiaire, encore indéterminée, des carrières de Villebramar.

Le *Caïnotherium*, — deux variétés ;

L'*Amphicyon*, dont j'ai recueilli, dans le calcaire des Ondes, une machoire inférieure armée de toutes ses dents ;

Le *Xiphodon*, aussi trouvé aux Ondes ;

Des *Crocodiles* de grande et de petite taille dont le calcaire marneux des Ondes m'a fourni plusieurs dents ;

Des *Trionyx* ( tortues ). Le gîte de Tournon en contient des débris difficiles à extraire en raison de leur fragilité et disséminés parmi ceux d'Anthracotherium magnum et de Caïnotherium ;

Des rongeurs, caractérisés par des dents bien conservées.

J'ajoute en terminant que la carrière de Villebramar m'a fourni de nombreuses et belles coprolithes*.

---

* Les recherches de M. Ludovic de Bonnal et de M. l'abbé Landesque, me permettent d'ajouter à ces noms les suivants : Elotherium Magnum ( ou Entelodon ); Dremotherium ( ou Amphitragulus ? ) ; Pterodon

Le soulèvement des Pyrénées, des Karpathes et des Apennins mit fin à la période éocène.

---

# DÉPOTS TERTIAIRES MARINS.

## TERRAIN MIOCÈNE.

Les dépôts marins qu'on observe aux environs de Mézin, de Sos *, du Port-Sainte-Marie, plus particulièrement dans les Landes, caractérisent cette période.

Leur composition est variable. Ce sont, tantôt de vastes couches de sable, tantôt des masses de grès, tantôt des assises de calcaire grossier, tantôt enfin ces empâtements de coquilles fragmentées qu'on désigne sous le nom de *faluns*.

---

dasguroïdes. En fait de mollusques : Helix Ramondi ; H. subglobosa ; H. Cadurcensis ; H. Aginnensis ; H. Larteti, etc. ; Lymnea pachigaster ; L. longiscata ; L. Albigensis, etc. ; Planorbis solidus ; P. cornu, etc ; Melanopsis ; Paludina ; Cyclostoma formosum ; C. Cadurcensis, etc. ; Succinea, Neritina Narbonensis.

* Je n'aurai garde d'oublier les services que m'a rendus le vénérable M. Capgrand, pharmacien à Sos, si versé dans la connaissance des terrains tertiaires et de leurs fossiles. Son intelligent élève et successeur, M. Paul Bodüer, m'a aussi utilement secondé.

Des bancs lacustres reconnaissables à leurs fossiles, alternent sur certains points, par séries plus ou moins nombreuses, avec ces bancs que des irruptions de l'océan jetèrent violemment sur nos terrains d'eau douce et jusque dans les vallons qui s'ouvrent sur la Garonne.

C'est le temps où notre région nourrissait le *Mastodon*, le *Dinotherium*, l'*Hippopotame*, l'*Halitherium*, le *Dicrocerus*, et le *Castor*.

Le Palœotherium, le Rhinocéros existaient encore, mais avec des modifications essentielles dans quelques-uns de leurs caractères, qui les constituaient en espèces nouvelles ; même observation pour les oiseaux et les reptiles (crocodiliens et chéloniens.)

L'*Ostrea crassissima* et la *longirostris* occupent dans les dépôts miocènes supérieurs une place importante*.

Quant à la flore, elle est identique à celle de l'étage précédent.

Le soulèvement des Alpes occidentales mit fin à la période miocène.

---

* A côté du Mastodon, du Dinatherium giganteum, du Rhinocéros, de l'Hippopotame, du Dicrocerus elegans, de l'Aliterium, de diverses variétés de Tortues, de Requins, de Crocodiles, j'ai recueilli dans le miocène supérieur de notre région, les mollusques suivants :

## TERRAIN PLIOCÈNE.

Cet étage, le dernier des terrains tertiaires, est caractérisé, constitué même en presque totalité, par l'immense dépôt de sables, relai final de la mer tertiaire, qui recouvre nos landes et celles des départements voisins dans la direction de l'ouest, dépôt privé d'ailleurs de fossiles.

Il présente, comme le précédent, quelques sédiments lacustres.

Durant l'espace de temps qu'a demandé sa formation, le sol de l'Agenais a pris sa forme et son relief définitifs.

Peu de changements se sont produits dans

Ostrea longirostris; O. crassissima; O. virginica, etc.; Ampullaria maxima; Petunculus; Phorus; Pentadina; Pecten Jacobei; Strumbus; Murex Turonensis; M. erinaceus; M. Striatus; Conus deperditus; C. hebræus; C. alicosus; Cerithium Carpentierii; C. plicatum; C. inconstans; C. multigranum, etc.; Pleurotoma denticulata; P. carinifera; P. ramosa; P. terebra; P. pseudofusa; Nassa asperula; Buccinium; Terebra striata; Oliva Dufresnii; O. clavula; Natica glaucina; N. mamilla, etc.; Teredina Perionnata; Cancellaria acutangularis; Lucinia columbella; Ovula; Pyrula rusticula, etc.; Fusus Burdigalensis; Trochus; Turritella terebralis; T. turris; Echinolampas; Scutella Emphiopi; Asteries; Cancer Neptunus; Carpilius Aquitanensis; Briozoaires, etc.

la faune. Il convient pourtant de mentionner le *tapir*, le *chameau*, le *grand bœuf* dont la taille dépasse celle de l'Aurochs, un *cheval*, par contre, petit comme un âne.

Le *Megatherium*, le *Mylodon* et la fameuse *Salamandre* fossile de Scheuchzer, pour n'avoir pas encore été rencontrés dans notre région, doivent être rapportés au bilan zoologique de cet étage, qui vit aussi naître et mourir nombre d'oiseaux et de mollusques d'espèces nouvelles.

Notons l'absence du palmier que la formation tertiaire avait connu jusqu'à ce moment.

Le soulèvement des Alpes principales mit fin à l'étage pliocène et par suite à la grande période tertiaire*.

---

* M. V^or^ Raulin, professeur de géologie à la Faculté des Sciences de Bordeaux, a publié une excellente notice sur la *Distribution géologique des animaux vertébrés et des mollusques terrestres et fluviatiles fossiles de l'Aquitaine*. Je n'en saurais assez recommander la lecture aux personnes curieuses de bien connaître les séries stratigraphiques animales des terrains tertiaires. M. Eug. Dupeyron a publié aussi, récemment, une intéressante *Esquisse géologique du département de Lot-et-Garonne*. Agen, Noubel, 1868.

# ÉPOQUE QUATERNAIRE.

## TROISIÈME ÉPOQUE ANTÉ-HISTORIQUE DE L'AGENAIS.

# ÉPOQUE QUATERNAIRE.

Cette période, à laquelle l'apparition de l'homme donne un intérêt saisissant, n'a pas vu de soulèvements ni de cataclysmes comparables à ceux qui ont troublé les époques antérieures. L'épaisseur régulièrement croissante de la croûte terrestre et l'abaissement proportionnel de chaleur de sa surface lui ont fait une tranquillité à peine altérée par des phénomènes géologiques qu'on pourrait appeler locaux, tant leur sphère d'action fut restreinte.

Les dépôts continuent à se former, mais lentement et avec une intensité déclinante.

Une observation importante a été faite, c'est que leur puissance est en raison inverse de la régularité de leur stratification, ce qui donne la mesure de la fureur et du volume des eaux creusant les vallons et transportant dans les plaines les matériaux arrachés par érosion aux roches violemment désaggrégées.

Ces phénomènes dits *diluviens* et ceux que la science désigne sous le nom de *glaciaires* pour faire entendre qu'à une certaine époque un froid polaire, s'abattant sur notre globe sembla y mettre la vie en question, l'homme en fut le témoin et jusqu'à un certain point la victime. Il ne faisait que d'apparaître et déjà commençait pour lui la lutte contre les forces de la nature.

Il ne faisait que d'apparaître, ai-je dit ? Certes, si M. de Mortillet, M. l'abbé Bourgeois et d'autres savants très autorisés ont raison en rapportant à la période tertiaire la venue de l'homme sur la terre, ce que je ne prétends pas contester, je me trouve fort en retard ; mais je ne parle que de ce que j'ai vu, et mes recherches n'ont porté que sur les terrains de l'Agenais. Or, depuis vingt ans que je fouille avec une ardeur non lassée, ils n'ont témoigné de la présence de l'homme à aucun point de la période tertiaire. Donc , je le répète , sans me prononcer en une matière aussi délicate , je me borne à dire que jusqu'à présent mon expérience propre m'oblige à placer au commencement du quaternaire le point de départ de l'être humain.

Cette question, tant agitée de nos jours, a été de ma part l'objet d'études incessantes. Aussi me proposé-je d'en exposer les principaux résultats avec quelques développements. C'est ce que je fais dans les pages suivantes , où rien n'est consigné qui ne soit rigoureusement vrai. Je prie , auparavant , le lecteur de jeter les yeux sur un tableau où les périodes d'apparition et d'extinction des principales espèces animales dites quaternaires, et les progrès de l'industrie rudimentaire de l'homme, figurent en regard et parallèlement.

*( Voir le tableau à la page suivante. )*

# DIVISIONS PALÉONTOLOGIQUES ET ARCHÉOLOGIQUES

## DES TROIS AGES PRINCIPAUX

## DE LA PÉRIODE QUATERNAIRE.

|  |  |  |  |
|---|---|---|---|
| ÉPOQUE QUATERNAIRE PRIMITIVE. — AGE DE PIERRE. | 3e âge caractérisé par | l'Aurochs, la Chèvre, le Mouton, quelques animaux de la période précédente. | Belle et dernière époque de la taille du silex. — Grandes et superbes haches en silex taillé et poli.— Flèches en silex, barbelées et trouvées à la surface du sol. |
| | 2e âge caractérisé par | le Renne, le Cerf (plusieurs variétés), quelques animaux de la période précédente. | Progrès dans la taille du silex; outillage en bois de Renne.... Grottes de *las Pelenos*, Gavaudun et Sauveterre (Lot-et-Garonne); Bruniquel (Tarn-et-Garonne); les Eyzies (Dordogne). |
| | 1er âge caractérisé par | l'Homme, le Mammouth, le Rhinocéros *tichorinus*, l'Hyène des cavernes, l'Ours des cavernes, le grand Cerf, le Bœuf (2 variétés), le Cheval (2 variétés), le Castor, le Renard, etc., etc. | Premier outillage de l'homme; os cassés et appointés, silex très-grossièrement taillés, à peine dégrossis à vrai dire, trouvés avec les débris des animaux ci-contre indiqués, dans la grotte de *las Pelenos* (partie inférieure) et de Lapronquière (bords du Lot, près de Saint-Vite). |

# COUP D'ŒIL SUR LA VALLÉE DU LOT.

## I.

Il y a de belles et riches gravières dans cette vallée, mais je crois devoir signaler, comme étant d'un intérêt véritablement exceptionnel pour les études de la période quaternaire ou moderne, une grotte et une brèche situées sur les bords des coteaux à pentes douces qui bornent la fertile plaine arrosée par le Lot.

Avant d'exposer le résultat des fouilles que j'ai pratiquées dans ces deux anciennes cavités qui portent le nom de *Las-Pélénos* et de *La Pronquière,* il est peut-être opportun de donner quelques renseignements sur la rivière qu'elles dominent et la vallée qui s'est enrichie de ses alluvions.

Le Lot *(Oldus),* grand cours d'eau de formation postpliocène, navigable pendant la majeure partie de l'année, prend sa source à l'est de Mende, aux pieds des montagnes du Gévaudan (Lozère), dirige son cours de l'est à l'ouest et va se jeter dans la Garonne, près d'Aiguillon (Lot-et-Garonne).

Parmi les localités qu'il baigne dans son trajet, je désignerai Cahors, Luzech *(Uxellodunum?)*, Castelfranc, Puy-Lévêque, Duravel, Condat, Fumel, Libos, Saint-Vite, Ladignac, Lustrac, le Port-de-Penne, Villeneuve, etc., etc., négligeant avec intention celles qui n'ont fourni à ce travail aucun élément sérieux.

Sa largeur est d'environ cent mètres. Il parcourt jusqu'à Villeneuve une vallée large de deux kilomètres en moyenne, fertile, très-pittoresque, environnée de coteaux boisés autrefois, aujourd'hui soumis à la culture, et hauts de cent à cent cinquante mètres. Les uns ont des pentes douces, les autres sont très-escarpés; la plupart sont formés d'un calcaire qui est très-dur, et quelquefois gélif.

De Cahors à Fumel, le lit de la rivière est creusé dans le calcaire jurassique; il l'est dans le crétacé de Fumel à Lapoujade, près Saint-Vite. Le tertiaire d'eau douce commence immédiatement après, en face des *Ondes*.

La vallée a pour sous-sol, dans presque toute son étendue, de magnifiques gravières d'une forte épaisseur et directement superposées aux trois variétés du calcaire dont j'ai dit les noms en passant et qui constituent le lit et les berges du Lot.

Quant aux affluents de celui-ci, la Thèze, la Lemance et la Lède, dont nous avons aussi à nous occuper, il en sera question ultérieurement.

---

## II.

## BRÈCHE OSSEUSE DE LAS PÉLÉNOS,

### PRÈS MONSEMPRON-LIBOS.

### SILEX TAILLÉS.

Je ne saurais mieux rendre compte de mes fouilles * dans cette brèche, qu'en mettant sous les yeux du lecteur le résumé qu'en a fait M. Magen, secrétaire perpétuel de la Société d'Agriculture, Sciences et Arts

* J'ai commencé en septembre 1863 les fouilles de la brèche contenue dans cette grotte.

d'Agen, dans une des séances de cette académie*, et qu'ont reproduit plusieurs journaux.

. . . . . . . . . . . . . . . . . . . . . . . . . . .

« M. Magen entretient la Société d'une » découverte paléontologique du plus haut » intérêt faite récemment par M. Combes, de » Fumel, l'un de ses plus laborieux corres- » pondants.

» Au sud de Monsempron, sur le flanc » d'un plateau incliné du terrain crétacé » (étages Cénomanien, Turonien et Séno- » nien), se trouve, au lieu dit de *Las* » *Pélénos*, un ancien puisard naturel, aujour- » d'hui converti en grotte par suite de l'é- » tablissement d'une carrière. Ouvert en en- » tonnoir à sa partie supérieure et dépourvu » d'issue à sa base, ce puisard, dont l'élé- » vation est de quatre à cinq mètres, pré- » sente à sa partie inférieure d'étroits con- » duits latéraux reliant plusieurs cavités de » moindre dimension. Des concrétions sta- » lactitiques et stalagmitiques peu volumi- » neuses, teintées en jaune rougeâtre par

* Société d'Agriculture, Sciences et Arts d'Agen, séance du 9 janvier 1864, présidence de M. de Tréverret. (Extrait du procès-verbal.)

» des eaux chargées de fer, en revêtent les » parois internes.

» Dans cette cavité, qui appartient tout » entière au dur et grossier calcaire de l'é- » tage Cénomanien et où s'étaient accumu- » lées d'épaisses couches de limon ferrugi- » neux, notre confrère, entamant à coup » de pioche la croûte stalagmitique, a trou- » vé, agglutinés dans le plus grand désor- » dre, sous forme de brèche osseuse, un » grand nombre de silex brisés à bords » anguleux et tranchants et des restes fossiles » de carnassiers, d'herbivores et de rongeurs.

» La distribution de ces ossements, tous » caractéristiques de la période quaternaire » (*postpliocène* de Lyell) était très-irrégu- » lière. Les rongeurs y côtoyaient les grands » carnassiers qui, eux-mêmes, côtoyaient » les herbivores, l'argile limoneuse empâ- » tant et cimentant en une masse compacte » ces débris si dissemblables.

» L'examen des dents et des parties de » mâchoires conservées, a permis de recon- » naître les animaux dont voici la liste in- » dicative : 1° le bœuf ; 2° le cheval ; 3° le » cerf ; 4° l'ours ; 5° l'hyène ; 6° le renard ; » 7° le lièvre ou le lapin ; 8° le castor ; 9° » petits rongeurs de la taille du rat et de la

» souris ; 10° la chauve-souris. Ajoutons à » cette liste un grand carnassier du genre » chat, et un grand herbivore de la taille » du bœuf ou du cerf, dont l'espèce reste » indéterminée.

» Comment ces ossements d'animaux de » races et de genre de vie si divers se trou- » vent-ils réunis dans cette grotte ? C'est » qu'apparemment elle aura servi de repaire » successif aux trois carnassiers dont les noms » figurent ci-dessus, sous les n$^{os}$ 4, 5 et 6, » ainsi qu'à celui dont M. Combes n'a pu » encore déterminer l'espèce. Dans les os des » mammifères, bœuf, cheval, lièvre, castor, » on serait amené à voir les résidus de leurs » sanglants repas. Plusieurs de ces os ont » été rongés, ce qu'on reconnaît aisément » aux traces laissées par les dents à leur » surface ; d'autres ont été brisés dans le but » probable d'en sucer la moelle.

» On peut admettre avec certitude qu'une » bonne partie des ossements, des silex et » de l'argile que la grotte renferme actuel- » lement à l'état de brèche osseuse, y a » été transportée, non par des eaux marines, » mais par des eaux douces, torrentielles et » passagères. Le phénomène de son remplis- » sage est donc purement local. De petites

» coquilles terrestres que M. Combes y a
» aussi trouvées et dont les pareilles se re-
» trouvent actuellement dans les environs,
» permettent d'affirmer que les os des mam-
» mifères entraînés avec elles ne pouvaient
» venir de loin.

» Arrivons aux silex à bords tranchants
» dont nous avons tout à l'heure signalé la
» présence dans la grotte. Ceci nous paraît
» être le point capital de la découverte.

» Il y en a deux sortes. Les uns offrent
» des traces incontestables du travail hu-
» main ; les autres, bien plus nombreux, où
» nulle trace de ce travail ne se laisse voir,
» n'accusent peut-être pas moins l'action
» volontaire et réfléchie de l'homme.

» Ces derniers ont également une longueur
» de 4 à 5 centimètres. Ils sont tranchants
» par un ou plusieurs de leurs côtés, mais
» le tranchant, irrégulier, offre toujours
» l'aspect d'une lame fortement ébréchée.
» Ce sont évidemment des éclats de silex
» destinés à subir un polissage ultérieur. On
» en chercherait vainement de semblables
» dans le gisement, assez éloigné d'ail-
» leurs, d'où ils proviennent, ce qui prouve
» qu'ils y furent soigneusement et inten-
» tionnellement choisis.

» Quant aux autres, ils présentent la for-
» me bien nette d'un fer de lance. Pour
» donner au fil du tranchant une ligne
» régulière, on a multiplié sur les bords de
» tout petits éclats dont les traces restent
» très-visibles.

» Ces silex et des os taillés en pointe,
» trouvés par M. Combes dans le même em-
» pâtement, que sont-ils, sinon les armes
» et les ustensiles des premiers habitants de
» l'Agenais ?

» A défaut de fossiles humains, ces ins-
» truments, si grossiers qu'ils soient, cons-
» tituent donc un argument très-solide à
» l'appui de la coexistence de l'homme dans
» nos contrées avec les animaux de la période
» quaternaire.

» Tel est le sentiment d'un habile géolo-
» gue, M. Duportail, ingénieur à Ville-
» neuve-sur-Lot ; tel aussi celui de M. le
» docteur Garrigou, inspecteur des eaux de
» Dax, et si connu par sa féconde explo-
» ration des grottes de Bruniquel. Ces
» savants se sont rendus à Fumel tout
» exprès pour visiter le puisard de *Las Pé-*
» *lènos*. Des recherches poursuivies pendant
» quatre heures sous leur direction, ont
» confirmé les premières découvertes de M.

» Combes et notablement accru sa belle col-
» lection paléontologique.

» M. Magen fait passer sous les yeux de
» ses collègues divers échantillons des silex
» recueillis par M. Combes. La Société,
» partageant la conviction de ce laborieux
» investigateur de nos antiquités géologiques,
» lui vote des remerciements pour sa curieuse
» communication. »

Ayant continué mes fouilles depuis l'époque où fut faite cette communication, je dois ajouter à la liste des animaux dont je retrouvai des restes dans la brèche de *Las Pélénos*, le grand Cerf (*Cervus megaceros*), le Renne, le Bouquetin, l'Aurochs, le Sanglier, un individu du genre Chien ou Loup avec des débris ayant appartenu à deux genres d'oiseaux dont l'un voisin de la Perdrix et l'autre de la Grive.

La forme et l'aspect général des silex taillés y sont des plus primitifs. Il s'y rencontre aussi plusieurs petits blocs-matrices (*nuclei*) d'où nos premiers pères ont probablement extrait leurs divers genres d'outils siliceux, et qui semblent eux-mêmes avoir été fournis par les bancs de calcaire crétacé et tertiaire du voisinage. On les y trouve, en effet, les uns sous forme de rognons siliceux recouverts de carbonate calcaire marin*, les autres sous forme de pierre meulière très-dure**, prise dans les bancs d'eau douce.

Les bouts de flèche, façonnés avec des os assez régulièrement cassés, et les autres fragments d'os aiguisés pour outillage, que j'ai recueillis à *Las Pélénos*, révèlent un travail incontestable, mais très-grossier et sans trace *d'art* proprement dit.

---

## III.

## GROTTE DE LA PRONQUIÈRE***,

### PRÈS SAINT-GEORGES ET SAINT-VITE.

### OSSEMENTS ET SILEX TAILLÉS.

Je laisse encore la parole à M. Ad. Magen qui, dans un rapport fait le 2 avril 1864 à

* Calcaire des environs.

** Calcaire du *Pec-des-Moulhières*, près Fumel.

*** Cette grotte appartient à MM. Dalché et Lys, propriétaires de *La Pronquière*. Je prie ces Messieurs de vouloir bien agréer mes remerciements et ma reconnaissance pour l'autorisation amicale qu'ils ont bien voulu me donner de faire les fouilles, ainsi que pour la part active qu'y a prise toute leur famille.

la Société académique d'Agen, décrit *de visu* cette antique excavation.

........ « J'ai visité dernièrement, en com-
» pagnie de notre collègue, M. Combes, la
» grotte de *La Pronquière*, dépendant du
» domaine de ce nom, qui appartient à M.
» Dalché et qui est située sur la rive gauche
» du Lot, au nord-ouest du hameau de
» Saint-Georges, dans le canton de Tournon.
« Sa hauteur approximative au-dessus du
» niveau du Lot qui coule à deux kilomètres
» de distance, est de vingt à vingt-cinq mè-
» tres. On y entre par deux ouvertures spa-
» cieuses exposées au nord-ouest et l'on se
» trouve d'abord dans une sorte de vestibule
» qui a deux ou trois mètres de hauteur.
» Ce vestibule ne tarde pas à se diviser en
» deux galeries qui se dirigent presque pa-
» rallèlement vers le sud. L'une d'elles est
» accessible dans un parcours d'environ quin-
» ze mètres; on peut en marquer vingt-cinq
» dans l'autre : après quoi on est arrêté
» par les éboulements argileux montant du
» sol à la voûte.

» Le calcaire dans lequel s'ouvre la grotte
» appartient au terrain tertiaire. Bien que
» traversé sur quelques points par des infil-

» trations pluviales, il ne présente pas à
» la voûte, le long des parois ou sur le sol,
» de revêtement stalactitique. On marche
» constamment sur une épaisse couche de
» boue argileuse d'une faible compacité. C'est
» en défonçant profondément cette couche
» que l'on trouve les curieux débris dont M.
» Combes, a enrichi sa collection. Ils con-
» sistent, comme à *Las Pélénos*, en dents,
» en ossements, en silex taillés, en galets
» exclusivement quartzeux.

» Dans une recherche de quelques minu-
» tes à travers un terrain que M. Combes
» croyait avoir épuisé, nous avons trouvé
» une dent d'*Elephas primigenius* et des os
» de toutes dimensions. »

Voici la liste des fossiles ou objets que j'ai exhumés du sol de cette grotte :

1° L'Eléphant mammouth (*Elephas primigenius*).

2° Le Rhinocéros à cloison nasale osseuse (*Rhinoceros tichorhinus*).

3° Le Bœuf primitif (*Bos primigenius*).

4° Le Cheval.

5° Le Grand-Cerf (*Cervus megaceros*).

6° Le Cerf ordinaire.

7° Le Renne.

8° Le Bouquetin.
9° L'Hyène des cavernes (*Hyena spelœa*).
10° Le Chat sauvage.
11° Le Renard.
12° Le Blaireau.
13° Le Lapin ou Lièvre.
14° La Belette.
15° Petits rongeurs de la taille du rat et de la souris.
16° Débris d'oiseaux, parmi lesquels des tarses et des *tibias* ayant dû appartenir à certaines espèces de la taille de la cigogne et des hérons.
17° Un morceau de maxillaire de poisson.
18° L'*Helix aspersa* et le *Cyclostoma elegans*.
19° Des Coprolithes principalement d'Hyène.
20° Du charbon, avec des traces d'anciens foyers.
21° De gros os cassés, et qui, bien que taillés très-grossièrement, ne devaient pas être moins redoutables comme armes offensives et défensives.
22° Quelques couteaux ou grattoirs en silex, assez bien taillés, et dont l'un, fortement ébréché sur ses deux tranchants latéraux, porte des traces évidentes de l'usage que l'homme en a fait.

Les objets retrouvés dans cette cavité ne laissent pas plus voir que ceux de *Las Pélénos* des traces *d'art* véritable. C'est de l'industrie humaine à l'état rudimentaire.

Le passage suivant du compte-rendu annuel des travaux de la Société d'Agriculture, Sciences et Arts d'Agen, présenté par M. Magen, secrétaire perpétuel de cette Compagnie, dans la séance publique du samedi 3 décembre 1864, complétera pour le lecteur, sous une forme plus littéraire, l'exposé de mes découvertes dans la brèche de *Las Pélénos* et dans la grotte de *La Pronquière.*

. . . . . . . . . . . . . . . . . . . . . . . . . . . . . . . . . . .

« Mais sans aller aussi loin dans l'espace,
» sans même sortir de notre département,
» vous pourrez, avec M. Combes, de Fumel,
» pour guide, remonter assez haut dans le
» temps pour y rencontrer l'homme primitif.
» Comme la vallée de la Dordogne, les
» vallées du Lot et de la Lémance ouvrent
» à l'explorateur de leurs brèches et de leurs
» grottes calcaires, avec des trésors pour
» nos musées, des horizons aussi larges
» qu'imprévus sur la période dite quaternaire.
» L'Eléphant et le Bœuf primitifs, le Rhi-
» nocéros à cloison nasale osseuse, le Grand
» Cerf, la Hyène et l'Ours des cavernes,

» depuis longtemps disparus de notre globe, » ont laissé leurs dépouilles dans ces grottes » côte à côte avec d'autres animaux restés » nos contemporains, le Cerf ordinaire, le » Renard, le Blaireau, le Lièvre, l'Antilope, » hôte immémorial des parties chaudes de » l'Asie et de l'Afrique, et le Renne qu'au- » cun témoignage humain ne nous montre vi- » vant hors des régions boréales. Faible, nu, » sans autres armes que la pierre siliceuse » qu'il aiguisait en hache ou effilait en » pointe de flèche, l'homme, aussi rare alors » qu'il pullule aujourd'hui, n'est représenté » dans ces archives de la nature que par » les traces de son industrie, armes défen- » sives, instruments de chasse ou de pêche, » grattoirs à préparer des peaux, aiguilles à » coudre des vêtements, charbons révélateurs » de ses derniers repos. La brèche de *Las* » *Pélénos*, au-dessus de Monsempron, et la » grotte de *La Pronquière*, près Saint-Vite, » où votre Secrétaire l'a aidé dans ses re- » cherches, ont fourni à M. Combes son » plus précieux butin. Inscrivons, Messieurs, » ces deux noms dans nos Mémoires, com- » me frères de gloire anté-historique, avec » ceux de *Bruniquel*, mis en lumière par » le docteur Garrigou, et des *Eyzies*, près

» de Bugue, illustré par les merveilleuses » découvertes de notre célèbre collègue, M. » Lartet, et de son savant collaborateur, » M. Christy. »

---

# IV.

## AFFLUENTS DU LOT.

LA THÈZE, LA LÉMANCE, LA LÈDE, GROTTES ET SURPLOMBS DE ROCHES, AVEC OSSEMENTS ET SILEX TAILLÉS.

La *Thèze*, qui, avant de se jeter dans le Lot, à Condat, reçoit le tribut de petits affluents issus des coteaux de Bonnaguil, prend sa source au village de La Thèse, près Frayssinet (département du Lot). Elle arrose une étroite vallée de formation secondaire, bordée par des tertres escarpés et pittoresques. Sa largeur moyenne est de trois à quatre mètres, sa direction, de l'Est au Sud, parallèle à celle de La Lémance. Depuis Pombié, ces deux petites rivières baignent les deux versants opposés des mêmes coteaux.

La Thèze, dans son parcours, arrose Frayssinet, Montcabrier, Saint-Martin, Boussac et Condat.

La *Lémance* prend sa source au lieu du *Prat*, sous les coteaux de Lavaur (Dordogne), et se jette dans le Lot, à Libos. Sa direction, qui est Est-Ouest jusqu'à Pombié, est Nord-Est-Sud de ce village à Libos. Elle a une largeur moyenne de cinq à six mètres et coule dans une vallée étroite où abondent les sites gracieux.

Entre autres villages, ce cours d'eau dessert ou traverse : Sauveterre, Saint-Front, Cuzorn, Pombié, Monsempron et Libos, localités dont nous reparlerons, et où prédomine le minerai de fer.

Les coteaux qui bordent la vallée de la Lémance appartiennent presque entièrement, par leur formation et leur composition calcaire, à l'époque secondaire.

*La Lède*, sortie d'Aigues-Parses (Dordogne), vient se jeter dans le Lot, après avoir roulé ses eaux devant Le Lédat et Casseneuil. Son cours, quoique irrégulier, se dirige, en somme, de l'Est à l'Ouest, et compte 52,000 mètres. Sa largeur moyenne est de cinq mètres.

Elle suit une vallée sinueuse, mais pittoresque au plus haut point entre La Capelle et Gavaudun. Ajoutons que, depuis son origine jusqu'aux environs de Salles, ses coteaux appartiennent à la grande époque secondaire, tandis qu'ils se rattachent à l'époque tertiaire de Salles à Casseneuil.

Parmi les localités que baigne La Lède, et qui nous intéressent spécialement, je citerai La Capelle-Biron, Gavaudun, Salles, Montagnac et Monflanquin.

Ces trois affluents du Lot ne sont pas navigables, mais ils font mouvoir un grand nombre d'usines importantes, parmi lesquelles plusieurs forges alimentées par le minerai de fer extrait des terrains meubles environnants.

La vallée de *La Thèze* ne présente rien de remarquable au point de vue spécial de l'ancienneté de l'homme. Elle se trouve infiniment moins favorisée que les vallées voisines de La Lémance et de La Lède. C'est à peine si j'ai pu y rencontrer quelques silex taillés et deux longues dents aiguisées en poinçon. Le *Pec-Cabrillé*, le *Pec-del-Trel* et le surplomb de roche situé en face de l'ancien château féodal de Bonnaguil, sont les seuls endroits qui m'aient offert ces spécimens caractéristiques.

Je dois citer, comme provenant du *Pec-Cabrillé*, et sans doute de quelque antique grotte primitivement habitée, puis détruite par suite de sa transformation en carrière, une masse de granit arrondie sur les bords et légèrement creusée au centre, qui a dû servir à broyer les grains. Les gisements de Tayac et de Tursac (Dordogne) en ont fourni d'absolument semblables à M. de Vibraye et à MM. Lartet et Christy.

La vallée de La Lémance possède deux grottes de médiocre grandeur, en partie obstruées par des dépôts argilo-sableux, qu'y ont entraîné les eaux pluviales. Ces deux cavités, situées à *Guirodel*, près Cuzorn, sur le flanc d'un coteau qui domine la rivière, occupent une assiette très-heureuse qui offrait à l'habitant primitif de la vallée un naturel et un très-commode abri. J'ai trouvé nombre de petits silex taillés aux abords et à quelque distance de ces grottes. La taille de ces silex est informe et révèle une industrie tout-à-fait grossière.

Après avoir fouillé à plus d'un mètre dans l'intérieur de ces grottes, sans y trouver traces d'ossements, j'ai dû renoncer à pousser mes recherches plus avant, à cause des dépenses qu'elles auraient occasionnées. Il ne me paraît pourtant pas douteux que je n'eusse extrait des couches inférieures quelques débris d'animaux ayant vécu à l'époque où furent taillés les silex que j'ai recueillis aux environs.

Monsempron m'a encore fourni quelques restes de brèche osseuse, principalement dans l'espace abrité et profond compris entre le collége et la grande carrière, sous des roches qui surplombent dans la direction du ruisseau.

Mais c'est aux environs de Sauveterre que j'ai, en remontant la Lémance, fait ma plus belle récolte. Sur divers points isolés, tous formés par des surplombs de roches, j'ai pu constater la trace de l'homme par d'assez nombreux ouvrages de ses mains.

J'ai à citer, entre autres gisements, un énorme surplomb, situé à côté du cours d'eau près les forges hautes de Sauveterre. Un large et noir foyer de dix à quinze mètres de diamètre, pour un mètre ou un mètre et demi d'épaisseur, s'étend sous cette roche qui l'abrite en majeure partie. Il est recouvert dans toute son étendue d'environ deux mètres de terre végétale non remaniée, dont une partie est tapissée de verdure arborescente et l'autre réservée au travail agricole.

Il m'a semblé que l'épaisseur de ce foyer était plus grande là où la roche l'abritait davantage, et que le contraire avait lieu dans les parties les plus exposées aux intempéries de l'air. La couche, très-noire et qui contraste d'une façon remarquable, par sa couleur et sa composition, avec les couches inférieures et supérieures qui la renferment, n'est qu'un composé d'ossements, pour la plupart d'herbivores, cassés, tailladés, fragmentés, fendus en long et coupés de manière à faire présumer qu'on en a extrait la moelle. J'y ai trouvé aussi de menus fragments de poterie grossière, quelques poinçons faits avec des dents de blaireau effilées en pointe, plusieurs bois de cerf et de renne coupés et sciés dans leur pourtour à l'aide d'outils tranchants, probablement des silex taillés qui s'y rencontrent en très-grand nombre et dans toutes les dimensions. Je ferai remarquer à propos de ces silex, que la taille des plus gros était généralement rudimentaire, tandis que les petits ressemblaient davantage, comme soin et perfection du travail, à ceux qui caractérisent les mémorables fouilles faites aux Eyzies, près Périgueux. Au reste, le tout se présente comme une brèche très-noire et remplie de cendres charbonneuses, mais à qui a manqué, pour faire corps, un principe d'agglutination.

Le Bœuf, le Cheval, le Cerf, le Renne et le Blaireau, prédominent dans cet ancien et vaste foyer, que je n'ai, du reste, fouillé qu'incomplétement, et leurs ossements fossiles présentent généralement des entailles très-visibles dont on ne s'explique la netteté qu'en les attribuant à l'homme et au tranchant acéré de son couteau siliceux.

On ne saurait mettre en suspicion l'authenticité de ces restes anté-historiques, toutes les couches qui les renferment n'ayant été remaniées sur aucun point de leur étendue *.

La Lède, dernier affluent du Lot, dont nous ayons à nous occuper, offre dans l'étroite vallée qu'elle parcourt, aux environs de Gavaudun, entre Salles et La Capelle-Biron, d'irrécusables témoignages de l'antique existence de l'homme sur ses bords.

---

* Les travaux du chemin de fer d'Agen à Périgueux ont déjà fort amoindri ce caravansérail naturel des générations quaternaires.

Ils sont fournis surtout par deux grottes d'une belle dimension, distantes d'environ trois kilomètres et situées sur des coteaux opposés, l'une près des forges de *Ratis* et de *Magnel,* l'autre près du *Moulin-du-Milieu.*

La première de ces cavités est creusée dans le calcaire crétacé, sur la pente rapide de la chaîne de coteaux qui bordent la vallée, au-dessus de Gavaudun. Je n'y ai rencontré qu'un reste de brèche osseuse avec silex taillés de petite dimension. Les os, fortement cassés et brisés, paraissaient tous avoir appartenu à des herbivores, et le travail des silex, bien qu'accusant des retouches, les rattache à l'époque primitive.

Mais en remontant la Lède et la route, à un kilomètre au-dessus de cette grotte, en face des forges de *Ratis* et de *Magnel,* sur le côté opposé de cette même route conduisant à La Capelle-Biron, j'ai observé, dans les cavités formées par le calcaire crétacé*, une brèche osseuse paraissant être de la même date et de la même composition que celle de la grotte dont je viens de parler, et d'où j'ai pu retirer, entre autres spécimens, un

* Et non *jurassique*, ainsi que, par erreur, le disent MM. Chaubard et de Raigniac.

métacarpien de Renne. Les travaux de construction de la route ont détruit la plus grande partie de cette belle brèche formée par les dépôts quaternaires et successifs, issus du coteau qui la surmonte.

C'est de cette même brèche que parlent MM. Chaubard et de Raigniac, dans leur *Notice géologique sur les terrains du département de Lot-et-Garonne*, insérée dans le *Recueil des travaux de la Société d'agriculture, sciences et arts d'Agen*, t. III, p. 103 (1834).

« Non loin de Gavaudun, disaient-ils,
» sur les bords de la Lède, à l'usine de
» Ratis, vis-à-vis la porte au nord, se
» montre une cavité dans la masse même
» du calcaire jurassique où se trouvent mê-
» lés avec de la marne argileuse une mul-
» titude d'ossements de quadrupèdes. Nous
» y en avons remarqué un, dont le tissu
» compacte avait trois lignes au moins d'é-
» paisseur, et qui, sans doute, a dû
» appartenir à un des plus grands mammi-
» fères de l'ancien monde. Les instruments
» que nous avions avec nous, ne nous
» permettant point de fouiller, nous n'y
» avons recueilli que des fragments prêts à

» se détacher d'eux-mêmes, et peu ou point » caractérisés. C'est avec un bien vif regret » que nous nous sommes vus forcés de » quitter ces lieux sans avoir pu les enlever » tous avec soin, car il serait curieux de » savoir si ces ossements ont appartenu à » des quadrupèdes différents de ceux trouvés » dans le calcaire gypseux de Paris, de » l'Orléanais, de l'Agenais, etc. »

Les études sur les terrains quaternaires étaient fort peu avancées en 1834. Il n'est donc pas étonnant que les savants auteurs de cette notice n'aient pu se rendre un compte bien exact des restes de mammifères ainsi retrouvés, et qu'ils aient cru devoir en rapporter l'existence à l'époque tertiaire, tandis que, contemporains de l'homme antéhistorique auquel ils avaient servi de nourriture, ces animaux appartiennent à l'époque quaternaire primitive.

Arrivons maintenant à la grotte funéraire creusée dans un énorme banc de calcaire crétacé sur le bord de la Lède, près le *Moulin-du-milieu*. Cette grande cavité, en forme de four ordinaire, rappelle par sa position, sa structure, une partie de son contenu et l'aspect pittoresque des coteaux qui l'avoisinent, celles de *Laugerie-Basse* sur les bords de la Vézère.

Le sol est un composé terreux d'une forte épaisseur, qui renferme, souvent à l'état de brèche, nombre de silex taillés et d'ossements ayant pour la plupart appartenu à de grands mammifères.

Les silex y sont taillés assez grossièrement et souvent retouchés. J'y ai pu reconnaître des bouts de flèches, des hachettes et quelques couteaux-grattoirs.

Ainsi que dans les autres grottes, les os, pour la plupart d'herbivores (je n'ai pu caractériser des traces de carnassiers), sont cassés, fendus, souvent entaillés. Quelques-uns, très-volumineux, semblent avoir subi les effets d'une forte chaleur.

Une chose essentielle à noter à propos de cette grotte, c'est qu'elle a servi, paraît-il, de lieu de sépulture. Des ossements humains en ont été retirés à une profondeur moyenne de deux mètres ; ils appartenaient à deux squelettes d'origine très-ancienne, placés l'un au-dessus de l'autre, mais toutefois séparés par un mélange de cendres et d'une substance ressemblant à de la chaux. Je n'ai pas vu ces ossements, parce qu'ils avaient été exhumés plusieurs années avant mon exploration et abandonnés avec la plupart des restes d'animaux qui les accompagnaient dans la grotte, mais j'ai recueilli ces détails sur les lieux mêmes, de la bouche du propriétaire *. S'il est permis, à la rigueur, de faire des réserves sur l'exactitude scientifique de cette communication, on ne saurait douter qu'elle ne soit très-sincère.

Des os, en partie calcinés, que j'ai retrouvés depuis, tout près de l'endroit même où gisaient les squelettes et au milieu d'une couche de cendres, certains crânes entiers d'animaux rencontrés à la première fouille, et qui n'ont pu encore être déterminés, semblent indiquer un dernier sacrifice de la part des parents qui auraient amené là des animaux destinés à des offrandes ou bien à des repas funéraires.

Les deux squelettes humains dont il vient d'être parlé, remontent-ils à la même date que les restes des animaux et les silex taillés au milieu desquels ils se trouvaient placés? Telle est la question que je me suis posée et que je n'ai pu résoudre, étant

* M. Cassaignes, propriétaire de l'usine à papier dite *Moulin-du-Milieu*, près Gavaudun.

arrivé trop tard pour étudier les couches du sol, fortement remaniées depuis et en partie transportées ailleurs. Je suis néanmoins porté à admettre la contemporanéité de ces antiques débris et à attribuer ces deux squelettes aux premières époques de l'âge de pierre. Du reste, ni M. Cassaignes dans ses fouilles, ni moi plus tard dans les miennes, n'avons rencontré, au milieu de ces restes de toutes sortes, aucun objet d'art, le moindre brin de métal, qui pussent nous amener à penser différemment.

---

## V.

## GRAVIÈRES DES BORDS DU LOT,

AVEC

OSSEMENTS FOSSILES DU QUATERNAIRE PRIMITIF.

Ainsi que je l'ai dit déjà, de riches gravières composent la majeure partie du sous-sol formant les belles vallées où coule le Lot.

Ces couches, dont l'épaisseur est de six ou huit mètres, sont directement superposées au calcaire jurassique, de Cahors jusqu'à Fumel, — au crétacé de Fumel à Lapoujade, après Saint-Vite, — et enfin, au dépôt tertiaire éocène d'eau douce, de Saint-Vite à Villeneuve.

Les cailloux qui constituent ces gravières sont généralement roulés ou ovalaires. Ils sont formés de quarzites et de grés et presque toujours recouverts d'un composé d'argile et de sable. L'oxide de fer donne souvent à l'ensemble de ces couches une teinte jaune ou rouge plus ou moins intense.

Il a fallu de bien forts courants pour entraîner, rouler et déposer sur ces trois calcaires de nature différente, ces bancs puissants de silex ou de gros galets *, et c'est dans ces mêmes couches, assez profondes parfois, que se rencontrent le plus fréquemment les restes assez bien conservés des grands mammifères appartenant à l'époque dont nous nous occupons.

---

* Je n'ai encore trouvé aucun silex taillé dans l'intérieur de nos gravières. Du reste, la recherche qu'on pourrait en faire au milieu de si fortes couches de cailloux roulés, est extrêmement difficile, sinon impossible.

Voici en quels termes, le 20 mars 1863, je rendais compte à M. le Préfet de Lot-et-Garonne, par une note détaillée, d'une découverte faite dans les gravières de nos environs :

« Pour me conformer à vos désirs,
» Monsieur le Préfet, j'ai l'honneur de vous
» informer qu'il y a deux mois à peine, il
» a été découvert dans nos terrains d'allu-
» vion, à côté du pont du chemin de fer
» traversant le Lot, à *Boyer*, près Trentels,
» sur une partie du domaine de M. Delbrel,
» ancien Sous-Préfet de Villeneuve, le
» squelette fossile d'une belle tête adulte de
» Mammouth (*Elephas primigenius*) de Cu-
» vier.

« Je dois aux soins obligeants de M. Del-
» brel, ainsi que de MM. Debord et Papon,
» entrepreneurs de cette section du chemin
» de fer d'Orléans, la possession de deux
» belles machelières ayant appartenu à ce
» monstrueux pachyderme ; elles mesurent
» 28 centimètres de long et pèsent chacune
» plus de 3 kilos. Ces deux molaires sont
» dans un état de parfaite conservation,
» chose d'autant plus précieuse que ces
» animaux ayant disparu depuis plus de dix
» mille ans, les restes fossiles qu'on en

» trouve doivent au moins avoir pareille » date. — On peut, néanmoins, reconnaître » sur l'une des dents le point d'affleurement » de la gencive qui séparait la couronne du » reste de la dent implantée dans les chairs » et les mâchoires.

» J'ai pu dégager un morceau de la mâ- » choire où étaient implantées les racines » de ces mêmes molaires ; les autres parties » du crâne ont trop souffert pour offrir un » témoignage de quelque valeur.

» Comme le Cheval, le Rhinocéros, le » Bœuf, le Cerf, etc., etc., le Mammouth, » animal de l'époque quaternaire, devait » vivre en nombeux et vastes troupeaux. » Sa taille était de cinq ou six mètres, ses » molaires, à large surface unie, marquées » de nombreux sillons, ordinairement très- » serrées et moins festonnées que celles d'au- » cune autre espèce d'Eléphant ; sa peau, » recouverte de poils longs et serrés ; sa » crinière flottante sur son cou et le long » de son épine dorsale ; ses deux défenses » recourbées en demi-cercle, et ayant de » trois à quatre mètres de long, devaient faire » de cet animal un des plus curieux de la » création.

» Mais quelles sont les causes de la dis-

» parition à peu près subite des grands
» animaux de cette époque, Mammouth,
» Bœuf, Cheval, Rhinocéros, Cerf, Ours,
» etc, etc..., dont les espèces primitives,
» contemporaines, au début, de nos ani-
» maux actuels, ont depuis des milliers
» d'années disparu de notre globe?...

» Je crois qu'on peut en donner pour
» causes principales :

» 1°. Le deuxième Déluge Européen, ré-
» sultat du soulèvement et de la formation
» des Alpes*, qui a recouvert en partie nos
» vallées et nos plaines de cailloux roulés
» et de limons argilo-sableux, souvent même
» ferrugineux et calcaires ;

» 2°. La période glaciaire, qui suivit peu
» de temps après le second Déluge Européen.
» Le froid intense et subit qui la caracté-
» risa dans le centre de l'Europe, y pro-
» voqua l'extinction de la vie organique
» qu'avait déjà très-compromise le déluge
» précédent.

» C'est ce qui explique la rencontre des

---

* Ne pas confondre ce déluge avec le dernier déluge asiatique, dont parle l'Ecriture, et qui fut occasionné par le soulèvement d'une partie de la chaîne du Caucase et la formation du Mont-Ararat.

» deux mâchelières et de divers gros ossements de Mammouth, dans les terrains » d'alluvions de *Boyer* ; la présence d'un » fémur brisé du même animal, dans les » terrains meubles de la plaine de Ladignac, » de deux belles défenses recourbées de ce » même pachyderme dans les gravières des » environs de Villeneuve-sur-Lot, des dents » de Rhinocéros, de Bœuf, de Cheval, des » bois de grand Cerf (*Cervus megaceros*), » ainsi que du Cerf ordinaire, que recélaient » les gravières et les terrains meubles de » Rigoulières, Boyer, Ladignac, Pautard, » Cézérac et Condat, près Fumel. Surpris » par ce diluvium, ces animaux ont été » emportés par les courants, roulés, noyés » et finalement ensevelis au milieu de débris » de toute espèce. »

Mais ces causes principales sont-elles les seules qui aient contribué dans les vallées du Lot, sinon à l'extinction de ces divers animaux, du moins à la rencontre de leurs dépouilles osseuses, dans les mêmes couches quaternaires ? — Et, par suite, n'est-ce pas à l'homme, existant alors et révélé depuis par ses œuvres, que nous devons de retrouver parfois dans nos gravières ces débris d'êtres ayant vécu de son temps, débris portant à leur surface l'empreinte matérielle de son industrie ?

Je me sens assez disposé à admettre, comme infiniment probable, la présence de l'homme dans nos vallées durant ces premiers dépôts quaternaires, et je base mon appréciation sur les faits suivants :

1°. La présence, dans la gravière de *Boyer* et dans les grottes voisines, d'os d'herbivores entaillés ou incisés, avec une intention manifeste, sans doute au moyen d'un silex tranchant. Les animaux dont ils formaient la charpente ont dû servir à la nourriture de l'homme. Quelques-uns de ces os ont été fracturés dans le but évident d'en extraire la moelle ; les arêtes de leur cassure ne sont pas usées par l'action du roulement;

2°. La découverte, dans cette même gravière, de fragments de poterie cuite au soleil ;

3°. La présence de deux anciens foyers charbonneux, très-bien caractérisés, et situés l'un à *La Pronquière*, tout près de la grotte, à plus de deux mètres de profondeur dans la gravière et les terrains meubles, l'autre à *Boyer*, non loin des restes fossiles d'Eléphant, de Bœuf, de Cheval et de Cerf, à plus de $0^{m}$ $60^{c}$ de profondeur, dans une terre argilo-marneuse. Aucun de ces deux terrains ne présente à ce niveau trace de fouille ni de remaniement.

Quoi qu'il en soit, ajoutons à la liste des animaux ayant laissé leurs dépouilles dans les gravières des bords du Lot, la *Chèvre* et une variété de jeunes *Cerfs* dont j'ai recueilli des fragments de bois aux environs de Cahors.

Les gravières de *Peyrat*, près Laroque-des-Arcs, à trois kilomètres de Cahors, et celles de *Saint-Ambroise*, paraissent contenir bon nombre de dents et d'ossements fossiles. J'en ai pu mettre au jour quelques débris.

J'ai extrait aussi, d'une cavité, aujourd'hui vidée, et située au roc de *Bourrissou* ou de *La Capelleto*, sur la route de Laroque-des-Arcs, et toujours sur les bords du Lot, quelques fragments d'os et de poterie, mêlés avec du charbon, le tout d'une apparence très-ancienne, mais sans le moindre silex taillé.

Continuant l'indication des espèces fossiles de l'époque quaternaire qui intéressent notre département, j'ai à citer l'*Hélix pomatia*, si commun de nos jours dans le Nord de la France et si rare dans le Midi. M. Duportal, ingénieur des ponts-et-chaussées et très-habile géologue, l'a trouvé, toutefois, assez souvent dans les dépôts de l'époque quaternaire des environs de Villeneuve.

Les dépôts de la vallée du Lot contiennent aussi un grand nombre de mollusques qui vivent de nos jours, ainsi que deux ou trois espèces d'*Hélix*, voisines de l'*Hélix hortensis*, qui paraissent avoir disparu de la surface de la terre.

---

## VI.

## GRANDS SILEX TAILLÉS ET POLIS.

HACHES, COUTEAUX, GRATTOIRS, POINTES DE FLÈCHES BARBELÉES, NUCLÉI, ETC., TROUVÉS EXCLUSIVEMENT A LA SURFACE DU SOL ET PARAISSANT SE RAPPORTER AU DERNIER AGE DE PIERRE.

Ces silex, tous de grand volume et d'une longueur moyenne de dix à vingt centimètres, affectent deux formes principales : 1° Le fer de lance; 2° la hache dite celtique. Les premiers sont assez bien taillés, mais non polis ; j'en ai trouvé de beaux spécimens. Les seconds, aiguisés par un bout, se terminent, à l'autre, en pointe mousse et laissent entrevoir comme une gradation d'efforts intelligents. Les uns sont à peine ébauchés, d'autres taillés grossièrement, d'autres enfin se font remarquer par l'extrême régularité de leur forme. Il en est qui n'ont reçu de poli que sur la partie tranchante tandis que d'autres l'ont reçu partout. La plupart de ceux-ci ont de larges côtés comme les haches de bronze pour lesquelles évidemment ils ont servi de modèle. Ils sont généralement formés de silex meulière, commun dans les environs.

Les couteaux-grattoirs sont identiques à ceux qu'on trouve si abondamment à Bruniquel et aux Eyzies.

A Villefranche-de-Belvès, à Belvès même, j'ai fait une ample récolte de silex en fer de lance, mais je n'y ai rencontré qu'une hachette. Au contraire, les hachettes foisonnent à Sauveterre, sur la Lémance, et à Gavaudun, sur la Lède. La partie de la plaine du Lot comprise entre Thézac, Perricard et Cézérac, m'a donné l'une et l'autre forme.

Les environs du château de Cardenal, situé entre Villeréal et Monflanquin, ont fourni à Mme Walmont de Cardenal, qui les a longuement explorés avec M. le docteur Leydet, son père, une belle collection de haches taillées en fer de lance et des flèches barbelées de petites dimensions, mais d'une exécution parfaite. Aucune autre localité de notre département n'en a, jusqu'à présent, offert de pareilles *.

---

* J'offre mes meilleurs remerciements à Mme Valmont de Cardenal et à MM. Issartier, propriétaire du château de Cézérac, Basset, notaire à Sauveterre, Testut, maire de Dévillac et Papon, entrepreneur des travaux du chemin de fer d'Orléans, pour les beaux spécimens de silex taillés qu'ils m'ont libéralement offerts.

# RÉSUMÉ

DES

# OBSERVATIONS RELATIVES A L'ÉPOQUE QUATERNAIRE

---

Essayons de dresser la synthèse des découvertes paléontologiques et archéologiques que j'ai successivement exposées.

Avec l'homme, que nous révèlent ses œuvres et ses restes exhumés des antiques dépôts du diluvium *, paraissent avoir existé dans

---

* Outre la découverte faite, dans la caverne du *Moulin-du-Milieu*, près Gavaudun, de deux squelettes humains remontant très-probablement aux premières époques de l'âge de pierre et, par conséquent contemporains des animaux, la plupart disparus ou émigrés, dont je dresse ici la liste, des crânes, des mâchoires principalement, ont été retrouvés ailleurs dans des conditions à peu près semblables. Je citerai entre autres : 1° Les squelettes humains retrouvés par M. Lartet dans la grotte funéraire d'Aurignac et qui sont contemporains du Mammouth et du *Rhinocéros tichorhinus*; 2° le fragment de mâchoire et les ossements humains retirés de la caverne d'Arcy, par M. le marquis de Vibraye; 3° la mâchoire humaine que M. Boucher de Perthes a recueillie dans le diluvium de Moulin-Quignon, près

l'Agenais, durant les temps si lointains de l'époque quaternaire les animaux dont suivent les noms :

L'Eléphant-Mammouth (*Elephas primigenius*). — Le Rhinocéros à cloison nasale osseuse (*Rhinocéros tichorinus*). — Le Bœuf primitif (*Bos primigenius*). — L'Aurochs (*Bison europœus*). — Le Cheval (*Equus fossilis ou caballus*). — Le Porc (*Sus scrofa*). — Le grand Cerf (*Cervus megaceros*). — Le Cerf ordinaire (*Cervus elaphus*). — Le Renne (*Cervus tarandus*). — Le Bouquetin. — La Chèvre. — L'Ours des cavernes (*Ursus spelœus*). — La Hyène des cavernes (*Hyœna spelœa*). — Le Chat

---

d'Abbeville, à 4 mètres 50 de profondeur ; 4° les deux crânes et autres ossements humains contemporains du Renne et du Castor, en Belgique, que M. Van-Beneden a extrait d'une grotte située dans la vallée de la Lesse, etc.

Ces ossements humains étaient placés au milieu des restes sans nombre d'animaux leurs contemporains : Mammouths, Rhinocéros *tichorhinus*, *Cervus megaceros*, Renne, Ours et Hyènes des cavernes, Castors, etc, etc., accompagnés de toutes les preuves de l'industrie primitive de l'homme, telles que silex taillés de toutes sortes, flèches et aiguilles en os ou en bois de Renne, charbons et cendres, etc., etc... Sur plusieurs points une brèche stalagmitique réunissait en une masse compacte ces témoins si divers du monde anté-historique, preuve indiscutable, ce me semble, de leur contemporanéité.

sauvage *(Felix catus ferus)*. —Le Loup *(Canis Lupus)*. — Le Renard *(Canis Vulpes)*. — Le Blaireau *(Meles taxus)*. —Le Castor, — le Lapin ou Lièvre, — la Belette, — la Chauve-Souris. — Petits rongeurs de la taille du Rat et de la Souris. — Bon nombre de débris d'oiseaux, depuis la taille de la Cigogne et du Héron jusqu'à celle de la Perdrix et de la Caille. — Un poisson. — L'*Helix aspersa* et *pomatia*. — Des *Hélix*, variétés voisines de l'*hortensis*. — Le *Cyclostoma elegans*.

En retrouvant dans les couches du terrain quaternaire ou dans celles du diluvium les restes de ces divers animaux associés au squelette de l'homme ainsi qu'aux agents et aux produits de son industrie, on est amené à admettre d'abord que l'homme et ces animaux ont vu ensemble les trois derniers grands cataclysmes qui ont bouleversé la terre, à savoir : le Déluge Européen, la Période Glaciaire et le Déluge Asiatique.

Et poursuivant la logique des faits, on est aussi porté à admettre que ces trois grands phénomènes ayant dû comprendre eux-mêmes un vaste espace de temps durant lequel s'est continuée l'évolution de l'humanité, l'existence de l'homme et celle des animaux ses contemporains doivent remonter aussi à des milliers de siècles antérieurement à tout essai de tradition écrite.

Je ne vois pas pourquoi, faute d'inscriptions ou d'autres indices qui ne sauraient appartenir à cet âge, on ne s'en rapporterait pas au témoignage éloquent de la grossière industrie de nos pères. Son imperfection accuse elle-même, à l'œil exercé, la longue existence collective de l'homme.

Comment, au reste, pourrait-on accepter la théorie de l'unité d'origine de tant de races distinctes qui existent de nos jours, et les faire descendre toutes d'un seul couple, si on voulait s'en tenir à la date de six mille ans ?

« Il a fallu, dit avec raison M. Charles
» Lyell*, pour la formation lente et graduelle
» de races comme la race caucasique, mon-
» gole ou nègre, un laps de temps bien plus
» grand que celui qu'embrasse aucun des
» systèmes populaires de chronologie..........

» Si les races diverses descendent toutes
» d'un seul couple, il nous faut admettre
» une vaste série d'âges antérieurs, pendant
» le cours desquels l'influence continue des
» circonstances extérieures donna naissance,

* Dans ses *Principes de Géologie*.

» à la longue, à des particularités qui de-
» vinrent plus saillantes durant un grand
» nombre de générations successives, et fini-
» rent par se fixer par transmission hérédi-
» taire. »

Appliquons, maintenant, ces idées générales aux faits particuliers recueillis dans notre Sud-Ouest.

Comme je l'ai dit précédemment, comme aussi le dénotent les terrains jurassique, crétacé et tertiaire sur lesquels roule le Lot, cette rivière est vraissemblablement de formation post-pliocène. Nul doute qu'elle n'ait vu, une des premières, l'homme vivre et mourir sur ses rives. Cette conviction est née pour moi des découvertes que j'ai faites dans le diluvium de ses vallées et de ses coteaux. Rien n'est plus primitif, plus rudimentaire que la taille des pierres siliceuses qu'il a fournies à ma collection. Tranchant à peine reconnaissable, formes à peine arrêtées, voilà ce qui les caractérise.

Les os fendus et aiguisés en pointe ne présentent aucune trace d'art; la poterie a été cuite au soleil. Si on y ajoute quelques débris de charbon, on aura une idée exacte de l'industrie primitive, sur les bords du Lot.

L'homme, durant cette période, devait vivre en petites familles isolées. Rare encore et n'ayant que de faibles moyens de travail et de défense, il habitait pendant la mauvaise saison les grottes et les surplombs de roches voisins des rivières ou autres cours d'eau. Il en sortait pour aller chasser dans les forêts de la plaine; la chair des animaux lui servait de nourriture et leur peau de vêtements.

L'examen approfondi des divers objets sortis de mes fouilles, me confirme dans la pensée que l'état des arts dans ces temps lointains a dû rester stationnaire pendant des périodes assez longues pour permettre à certaines variétés d'animaux de se produire et de disparaître *.

Je termine par quelques mots de comparaison entre le résultat des fouilles que j'ai faites dans les plaines du Lot et de ses affluents, et ceux des recherches opérées en même temps et dans divers lieux, notam-

* J'aurais à émettre ici quelques idées qui me sont particulières sur l'ordre des phases successives de l'industrie humaine aux époques primitives. Pour éviter de faire une note d'une longueur excessive, je consigne ces idées dans un appendice placé à la fin de ce chapitre.

ment dans la Dordogne, par MM. Lartet, Christy et le marquis de Vibraye.

Des motifs de haute convenance ne me permettant pas d'aborder les détails qu'exigerait cette comparaison *, je ne fais que les énoncer sommairement.

1° Les silex taillés retirés des grottes des bords du Lot sont, en général, d'une taille aussi primitive que possible **. Ils accusent un degré de civilisation bien inférieur à celui que révèlent les silex provenant des grot-

* Ces illustres savants n'ayant publié encore qu'une très-faible partie du grand ouvrage où seront consignées leurs magnifiques découvertes, je m'abstiens même de parler de la visite que j'ai eu l'honneur de leur faire aux Eyzies, d'où j'ai rapporté de curieux échantillons, de judicieux conseils et de nombreux motifs de reconnaissance.

** Beaucoup de ces silex ressemblent, par leur taille et leur forme, à ceux qu'on trouve dans le diluvium de Madrid, et que Don Casiano de Prado, inspecteur général des mines, a si bien représentés dans son magnifique travail intitulé : *Description physique et géologique de la province de Madrid.* Je dois à la rare libéralité de Don Carlos Ibanez é Ibanez, colonel du génie et membre de l'Académie des sciences et de l'Académie royale d'Espagne, un exemplaire de cet ouvrage, ainsi que d'une belle carte géologique d'Espagne, dressée par Don Amalio Maestre, inspecteur des mines.

tes de la Vezère. Les os taillés en poinçon et aiguisés en armes de défense ne peuvent davantage se comparer avec les magnifiques flèches barbelées faites en bois de Renne, ainsi qu'avec les aiguilles en os percé et poli que recèlent les nombreuses cavités des Eyzies.

2° L'homme, dans les vallées du Lot, paraît avoir été rare, isolé, vivant en famille sans doute, mais nullement en groupes sociaux. — Sur les rives de la Vezère, au contraire, et dans d'autres lieux comme Bruniquel et Aurignac, nous le jugeons très-multiplié, possédant des ateliers d'armes, faisant preuve d'une industrie avancée et déjà vivant en société.

3° Si, au point de vue paléontologique, les contrées du Lot paraissent être plus riches en espèces, celles de la Vezère et de certaines autres localités lui sont archéologiquement supérieures. Il nous semble, en conséquence, que l'homme a dû s'établir dans celle-ci plus tard que dans les vallées du Lot et de ses affluents.

Ces considérations, jointes à celles que j'ai précédemment exposées, me font naturellement conclure :

Que nulle contrée déjà explorée ne paraît, jusqu'ici, avoir vu l'homme à un état aussi primitif et conséquemment à une date aussi ancienne que la région étudiée dans ce Mémoire ;

Que l'homme, dont nous trouvons les restes dans les grottes ou diluvium de nos localités, n'avait rien de commun avec les peuplades asiatiques * ;

Enfin, que l'âge de pierre, qui d'ailleurs comprend les plus longues époques, principalement dans nos contrées, a vu l'homme s'agiter au milieu de la faune quaternaire ; que ce dernier, ayant existé pendant toute la période caractérisée par cette faune (et peut-être même pendant la période pliocène tertiaire**), peut être regardé comme le *testis diluvii,* dont il a été victime en Europe et en Asie, et qu'il a été présent aux divers cata-

---

* Elles ne vinrent dans ces lieux que bien plus tard. Au reste, d'après M. d'Omalius d'Halloy, la souche de la race européenne aux yeux bleus, au teint clair et aux cheveux blonds, ne paraît pas être d'origine asiatique (aryenne ni araméenne).

** L'homme qui aurait encore pu vivre pendant l'époque tertiaire, ne saurait s'être accommodé des conditions atmosphériques de l'époque secondaire.

clysmes à qui sont dus le creusement de nos vallées, le retrait de nos glaciers et la disparition de plusieurs continents au sein des grandes eaux.

———

# APPENDICE.

On a beaucoup écrit depuis quelques années sur l'ancienneté de l'homme; on a plus ou moins longuement, plus ou moins savamment disserté sur l'époque dite *âge de pierre*, qui comprend une longue période pleine d'intérêt au point de vue de l'homme et des animaux, ses contemporains; mais on ne s'est pas suffisamment occupé de la période qui, commençant à la naissance de l'homme, conduit celui-ci au moment précis où un premier progrès de la civilisation lui donne l'idée de la taille du silex pour armes et outillage.

Il est, en effet, vraisemblable que l'homme, dès son apparition sur la terre, n'a pas songé d'abord à utiliser les matières siliceuses comme instruments de travail, d'attaque ou de défense, et que l'emploi du silex taillé est un premier progrès dans l'industrie humaine, comme plus tard la fabrication du bronze et le traitement des minerais de fer.

Voici les faits qui me portent à admettre cette opinion ; je les ai recueillis dans nos localités si particulièrement intéressantes pour l'histoire de l'industrie primitive :

1° L'absence, remarquée jusqu'ici, de cailloux ou silex taillés dans nos riches gravières des bords du Lot, dont la formation remonte au deuxième déluge européen qui résulta du soulèvement et de la formation des Alpes; gravières où nous trouvons cependant, avec les traces de foyers charbonneux, les débris des animaux les plus anciens de l'époque quaternaire, dont certains indiqueraient le travail grossier de l'homme;

2° L'absence de silex taillés dans la grotte de la Pronquière, toujours près les bords du Lot. Cette grotte renferme cependant beaucoup de cailloux roulés, placés pêle-mêle au milieu d'anciens foyers charbonneux, avec des restes d'*Hyena spelœa*, *d'Elephas primegenius*, de *Rhinoceros tichorinus*, de *Cervus megaceros*, *etc.*, et nombre d'instruments en os de fortes dimensions, intentionnellement cassés et disposés en pointe;

(J'en excepte, il est vrai, quatre ou cinq petits couteaux en silex que j'ai recueillis à l'entrée et à la surface de la grotte, et dont la taille accuse évidemment une époque postérieure à l'habitation primitive de la cavité; ces silex qu'aucun éclat n'accompagne ont dû être déposés plus tard, dans cet endroit, par quelque hôte de passage);

3° Au plus profond du puisard de Las Pélénos, situé près la station du chemin de fer de Monsempron-Libos, dans la partie inférieure de brèche non remaniée qui recélait les dents d'hyènes, je n'ai renconté aucun silex taillé, mais divers os cassés. souvent disposés en bout de flèche, au milieu de traces de charbon. Ce n'est que dans les parties supérieures du puisard, quand les restes fossiles d'hyènes commençant à devenir plus rares, apparaissent les autres séries d'animaux moins anciens (renne, cerf, cheval, bœuf, etc.), que les silex taillés se présentent de plus en plus nombreux jusqu'à l'ouverture du puisard, et de mieux en mieux taillés et travaillés.

De ces diverses observations, je me crois amené à conclure :

1° Qu'il a dû s'écouler un intervalle plus ou moins long depuis l'apparition de l'homme jusqu'au moment où une première industrie l'a conduit à la taille du silex, intervalle qu'on pourrait appeler : L'AGE DE L'OS ;

2° Que l'existence de ce premier âge semble se trouver confirmée par la puissance des dépôts quaternaires de cette époque, au milieu desquels se retrouvent, sans aucun silex taillé, les restes fossiles des animaux, ses contemporains, avec certains foyers charbonneux ; et que, la géologie nous démontrant que ces dépôts diluviens sont bien antérieurs à l'époque glaciaire, l'homme primitif a dû exister bien avant ladite époque sur les rives du Lot, et a dû être témoin du soulèvement des Alpes, c'est-à-dire du deuxième déluge européen qui submergea alors en partie nos plaines et nos vallées ;

3° Qu'enfin, tout disposé que je sois à admettre avec l'opinion générale, que les magnifiques fouilles de l'époque du renne, faites jusqu'ici sur les bords de la Vézère, à Bruniquel et dans beaucoup d'autres contrées, etc., ne paraissent faire remonter l'ancienneté de l'homme dans ces localités que jusqu'à l'époque glaciaire, il n'est cependant pas moins probable que mes recherches dans les vallées et les affluents du Lot la reculent au-delà d'un temps considérable, dans notre région.

Ainsi l'homme aurait fait des rives du Lot une de ses premières stations. Il y aurait vécu d'abord à l'état sauvage, isolé, ne songeant qu'à pourvoir à ses besoins et à sa défense. Un groupe aurait, à une époque indéterminée, émigré sur les bords de la Vézère en remontant une partie de la vallée de la Lémance, qui révèle encore des traces progressives de cette émigration, tandis qu'un autre aurait pris pour direction opposée les plaines du Tarn.

Et c'est durant cette longue période qui embrasse les diverses tailles du silex, que l'humanité, entrant dans une nouvelle phase d'existence signalée par un commencement d'extinction de quelques espèces d'êtres qui avaient apparu en même temps qu'elle, aurait peu à peu perdu de son isolement et de sa sauvagerie, se serait groupée en petites familles et puis en hordes plus nombreuses, se serait ouverte enfin à l'idée sociale de domination.

La riche vallée du Lot, près de Fumel, de Libos, de Monsempron, a cela de remarquable, que, montrant dans ses gravières et dans ses grottes les traces initiales de la présence de l'homme, son premier outillage en os cassés et appointés, elle fournit aussi, suivant les couches et sans la moindre discontinuité, les tailles successives du silex depuis la plus imparfaite jusqu'à celle qui détermine la forme de la hache et de la flèche barbelée. Qu'on joigne à cela une très-riche faune quaternaire suivant, dans le même ordre, les divers progrès artistiques de nos premiers pères, on aura une preuve indubitable, ce me semble, de la *station primitive et continue de l'homme sur les rives du Lot.*

---

# POST-FACE.

Rien ne peut mieux donner l'idée de l'omniscience et de l'omnipotence divines que la connaissance des évolutions par lesquelles est passée notre planète et des différents modes de vie qui leur correspondent spécialement.

Qui étudie apprend à bien voir. Pour celui là, un ordre merveilleux se dégage du chaos des époques primitives. A chacune de ces époques se rapporte, en effet, dans les cinq parties du monde, une même nature de terrain plus ou moins simple ou complexe et qui reçoit sa marque et son cachet des corps organisés fossiles qu'elle renferme. Donc, étudier sérieusement ces dépôts, leur ordre de superposition, la composition de chacun d'eux au point de vue des éléments minéraux ou chimiques et des éléments animaux ou végétaux, c'est-à-dire organisés, c'est faire l'authentique histoire des époques primitives elles-mêmes.

Cette histoire, j'ai essayé de la faire pour le coin de terre que j'habite, et l'on me rendra cette justice que la voie de l'expérience, jalonnée, sur son long trajet, par des découvertes matérielles qui n'admettent pas l'erreur, est la seule où j'aie marché. Encore faut-il ajouter que si j'ai dû accepter, en ce qui concerne les faits généraux, les résultats acquis à la science par les travaux des maîtres, je ne me suis fié qu'à moi-même et aux résultats de mes recherches propres, c'est-à-dire à ma collection de roches, de fossiles d'os et de silex ouvrés, en ce qui est des faits relatifs à l'Agenais.

Cette collection, au reste, soigneusement classée est à la disposition du public, ce composé d'indifférents, de curieux et d'initiés. Rien ne me serait, je l'avoue, plus agréable que d'en faire à tous les honneurs. Il faut parfois si peu pour élever l'indifférent d'une classe, en lui inspirant la curiosité, qui confine à la science et y mène. Quant aux initiés, géologues, minéralogistes, archéologues, etc., il y a trop à gagner à leur commerce pour que je ne sollicite pas leur visite. J'ai eu déjà la bonne fortune d'en recevoir, et des plus autorisés; j'attends les autres avec confiance.

Fumel, le 25 Septembre 1869.

Imp X. Duteis, à Villeneuve.

BIBLIOTHEQUE NATIONALE DE FRANCE
3 7531 04114134 3

www.ingramcontent.com/pod-product-compliance
Lightning Source LLC
Chambersburg PA
CBHW062041200326
41519CB00017B/5094
*9782013735414*